水利工程信息化建设与设备自动化研究

高 艳 著

黄河水利出版社
·郑 州·

图书在版编目(CIP)数据

水利工程信息化建设与设备自动化研究/高艳著.
—郑州:黄河水利出版社,2022.9
ISBN 978-7-5509-3374-3

Ⅰ.①水… Ⅱ.①高… Ⅲ.①水利工程-管理信息系统 Ⅳ.①TV21

中国版本图书馆 CIP 数据核字(2022)第 164449 号

审稿:席红兵　电话:13592608739

出 版 社:黄河水利出版社　网址:www.yrcp.com
地址:河南省郑州市顺河路黄委会综合楼 14 层　邮政编码:450003
发行单位:黄河水利出版社
发行部电话:0371-66026940、66020550、66028024、66022620(传真)
E-mail:hhslcbs@126.com
承印单位:河南新华印刷集团有限公司
开本:787 mm×1 092 mm　1/16
印张:7.25
字数:130 千字　印数:1—1 000
版次:2022 年 9 月第 1 版　印次:2022 年 9 月第 1 次印刷

定价:48.00 元

前　言

水利工程信息化，具体来讲就是充分利用现代信息技术，开发和利用水利信息资源，包括水利信息的采集、传输、存储、处理，以及对水利模型的分析和计算，提高水利信息资源的应用水平和共享程度，从而全面提高水利建设和水事处理的效率和效能。长期的水利实践证明，完全依靠工程措施不可能有效地解决当前复杂的水问题。广泛应用现代信息技术，充分开发水利信息资源，拓展水利信息化的深度和广度，工程措施与非工程措施并重是实现水利现代化的必然选择。以水利信息化带动水利现代化，以水利现代化促进水利信息化，增加水利的科技含量，降低水利的资源消耗，提高水利的整体效益是21世纪水发展的必由之路。

国内水电站建设突飞猛进，水电站设备自动化技术也发生了巨大的变化，计算机技术已广泛应用于水电站设备自动化的各个系统。如控制设备从最初的继电器，到单片机，再到如今的可编程控制器及计算机；继电保护也是从继电器，到集成电路，再到微机型保护设备等。以上设备的更新换代，不但提高了水利工程的自动化水平，而且使水电厂实现无人值班（少人值守）目标成为可能。同时，随着近年来数字水利大数据与数字孪生技术的兴起，水利信息自动化、水利设备自动化将会越来越成熟。

本书首先介绍了水利信息化技术及应用；然后详细阐述了水利工程综合自动化与水利工程电站自动化的相关内容；最后重点介绍了智慧水利大数据与数字孪生技术，以适应水利工程信息化建设与设备自动化研究的发展现状和未来趋势。

本书突出了基本概念与基本原理，在写作时尝试多方面知识的融会贯通，注重知识层次递进，同时注重理论与实践的结合，希望可以对广大读者提供借鉴或帮助。

在本书的写作过程中，作者参阅了相关文献与研究成果，并介绍了自己多年的工作经验。但限于作者知识水平、经验不足和成稿仓促，书中难免有不妥、疏漏和错误之处，恳请读者批评指正。

作　者

2022年4月

目　录

第一章　水利信息化技术及应用

水利信息技术就是指充分利用现代信息技术,深入开发和广泛利用水利信息资源,包括水利信息的采集、传输、存储、处理和服务,全面提升水利事业活动效率和效能的技术。水利行业是一个信息密集型行业,凡人类的治水活动,都离不开水情、工情和社情的综合利用。因此,古今中外的水利工作者都十分重视收集整编和利用信息。而在科学技术迅猛发展的今天,信息技术日新月异,为水利工作提供了强大的技术支持。现代信息技术在水利信息化中的应用集中体现在水利信息化综合体系中,涉及的主要技术包括大数据、云计算、人工智能等新一代信息技术。另外,“3S”(Geographic Information System,GIS;Remote Sensing,RS;Global Position System,GPS)、北斗卫星通信技术、通信与网络、信息存储与管理、软件工程、系统集成、决策支持等信息技术分别应用于水利信息化综合体系的某个层次或多个层次,在水利工作中发挥了重要作用。

第一节　新一代信息技术

一、大数据

蓄水工程数字化与标准化建设,以一个水库为主体,从管理、防洪、排涝、灌溉、供水等方面开展智能化建设。做好蓄水工程的来水、需水、供水预测和管理,实时掌握水库安全情况。蓄水工程智能化管理应用新一代信息技术,透彻感知蓄水工程信息,促进蓄水工程信息互联与深度融合,提升蓄水工程硬件设施数字化水平,在大坝渗流监测、大坝位移监测、大坝应力监测、闸门控制、闸门位移变形监测、库区巡检等方面实现智能感知。采用BIM(Building Information Modeling)+GIS数字工程信息模型等技术构建三维蓄水工程场景的模拟展现,构建蓄水工程数字孪生,并结合水利模型对各项蓄水工程所涉及的功能业务进行计算模拟和展示,实现设施设备的自动控制、预报预警的自动派发。通过蓄水工程大坝结构安全评估模型、水闸结构安全评估模型、堤防结构安全评估模型、机电设备故障诊断模型、工程安全风险隐患评估预警模型、水质分析等实时掌握蓄水工程实时运行状态。运用旱情综合评估模型、中长期旱情大数据分析模型、供需平衡分析计算模型等,实时预测蓄水工程的需求、来水、供水情况,合理安排蓄水工程的蓄水、放水。利用人工智能打造一体化数字蓄水工程管理系统,使其具备自主学习能力并且不断提升其控制、预测精准能力,实现蓄水工程管理"无人值班,少人值守",形成标准一致的数据资源体系。集成河流、水库、堤防等水利工程,以及水旱灾害防御、河长制管理、水资源管理、水土保持、山洪灾害防治等主要业务专题,并按照统一标准规范,以分层、分类、分级的数据接入汇集方式,建设水利数据资源主题库与专题库。接入来自自然资源、生态环境、住建、交通、气象、农业等部门共享数据及感知监测数据、社会经济数据,形成新一代水利大数据中心。在此基础上,制定数据共享标准规范,建立数据共享体制机制,实现水利数据资源共享开放。

在水灾害防御、水资源保障、水生态保护、水工程监管、水政务协同、水公共服务六大核心业务体系下,整合现有水利业务信息系统,建设统一用户、统一门户、统一地图服务,初步建成统一的水利业务支撑平台,并实现业务延伸到体系。数字水利新型基础设施建设工程主要是结合大数据、云计算、物联网、5G 技术、人工智能等新一代信息技术在水利感知体系、网络体系、数字资源体系以及业务支撑与应用。

二、云计算

关于云计算,现阶段广为接受的是美国国家标准与技术研究院的定义:云计算是一种按量付费的模式,这种模式提供可用的、便捷的、按需的网络访问,进入可配置的计算资源共享池(资源包括网络、服务器、存储、应用软件、服务),这些资源能够被快速提供,只需投入很少的管理工作,或与服务供应商进行很少的交互。

正如当把电器插头插入电源插座时,我们既不关心如何生产电力,也不知道电器是如何接通插座一样,云计算允许以完全虚拟化的方式访问大量的计算能力。云计算是一种基于互联网的计算方式,通过这种方式,共享的软硬件资源和信息通过网络以按需、易扩展的方式获得所需服务。

云计算并非一种新技术,实质是通过并行计算、分布计算、网格计算的技术整合,结合虚拟化方式,使用户获得计算能力、存储空间、软件服务这三种服务的一种商业模式。

云计算服务分为三类:基础设施即服务(infrastructure as a service,IaaS)、平台即服务(platform as a service,PaaS)、软件即服务(software as a service,

SaaS）。

消费者通过Internet可以从完善的计算机基础设施获得服务，这类服务称为基础设施即服务（IaaS），基于Internet的服务（如存储和数据库）是IaaS的一部分。IaaS提供给消费者的服务是对所有设施的利用，包括处理、存储、网络和其他基本的计算资源，用户能够部署和运行任意软件，包括操作系统和应用程序。消费者不管理或控制任何云计算基础设施，但能控制操作系统的选择、储存空间、部署的应用，也有可能获得有限制的网络组件（防火墙、负载均衡器等）的控制。

PaaS提供了用户可以访问的完整或部分的应用程序开发，SaaS则提供了完整的可直接使用的应用程序，比如通过Internet管理企业资源。PaaS和IaaS可以直接通过SOA/WebService向平台用户提供服务，也可以作为SaaS模式的支撑平台间接向最终用户服务。如对智能水电厂来说，最直接的云计算应用，就是数据中心IDC的建设。近年来，随着智能水电厂的快速发展，越来越多的服务器放置在水电厂机房内，机房承载能力已近极限，相应管理人员和运维人员需应对高标准运维保障所带来的挑战。

云计算提供的虚拟化技术引入，不会对现有的网络架构做本质上的颠覆，原先的架构仍然是延续的，只是在数据中心的基础设施方面，大大减少了需要维护和管理的设备，如服务器、交换机、机架、网线、UPS、空调等。原先设备可以根据制度进行折旧报废，或者利旧更新，使得网络管理人员有了更多的选择。通过计划充分规划利用有限的空间、计算资源和存储资源，搭建云计算平台，可探索新型托管运营模式，走集约化、低碳、低成本、高效建设之路。

虚拟整合后的网络结构，并没有对原有的网络结构做改变。对于虚拟化服务器，搭建了虚拟化集群，并进行统一管理。原有的服务器设备仍可以正常运行，并且与虚拟化服务器融合在一起，从网络层面构建VLAN数据共享、业务隔离等，都可以延续原来的网络管理模式。

随着虚拟化技术的不断应用，可以不断地动态扩大虚拟化集群的规模，搭建更健康的网络体系架构。

客户端方面，延续了原先的访问模式，对于虚拟服务器的数据交互等操作，等同于原先传统物理服务器的访问模式，不会对业务系统造成任何不利影响。

云计算相当于将大量的计算机硬件资源虚拟化之后再进行分配使用。未来的趋势是，云计算作为计算资源的底层，支撑着上层的应用及服务，其中包括大数据处理。

云计算以服务为基础,是互联网时代信息基础设施的重要形态,它以新的业务模式提供高性能、低成本的计算与数据服务,支撑各类信息化应用。云计算将成为未来流行的计算模式。

三、人工智能

(一)概念

为科学合理地使用人工智能技术,须充分了解人工智能技术的概念。对于人工智能概念的掌握,在一定程度上可为技术人员和工程管理人员提供正确的使用方向及使用流程。

人工智能技术简称"AI 技术",是近几年诞生的一种具有重要作用的技术。人工智能的主要工具是计算机,在使用人工智能技术时,计算机作为辅助工具非常关键。人工智能技术可以通过模拟及拓展帮助人们解决一些现实中的问题,所以人工智能被广泛应用在多个领域当中。人工智能的特点就是既具有智能性、针对性,又具有良好的发展空间,相比传统的计算机技术,其发展的前景也更加广阔。

人工智能技术涵盖多个专业领域,例如视觉研究领域、听觉研究领域、触觉研究领域及行为研究领域等。人工智能技术的主体是多媒体技术,利用多媒体技术形成了一个非线性的智能技术体系。

时代在不断变化,人工智能技术也随着各个领域技术的发展而提高,目前人工智能技术已经趋向成熟,人工智能技术可应用的领域也在逐渐增加。现阶段人工智能涉及的领域有机器人的制作、图像辨别、语音辨别及专家系统等,这使得人工智能技术的科技含量逐步增加。

人工智能从字面意思来理解,就是通过计算机技术,对人类的想法及思考模式进行表达,这种方式相比单纯的计算机技术更加符合人们本身的思维。相比单纯的人脑而言,这种方式又具有一定的准确性及科学性,因此可提高一件事情的成功率、质量和效率。

人工智能可以被用在水利工程当中,帮助水利工程管理人员进行管理工作,提高管理工作的效率及质量。人工智能可以使水利工程管理工作变得更加科学合理,这样在一定程度上也保障了水利工程的顺利运行。

(二)人工智能在水利工程管理中的具体应用

1.人工智能控制技术

人工智能控制技术在水利工程管理中的应用对于水利工程管理工作来说,控制工作非常重要,人工智能的控制技术可使控制工作更加具有针对性、便利性、高效性及灵活性。但现阶段控制环节还存在一定的问题,需对控制环节进行进一步的完善工作,从而大幅提高控制环节的质量及效率。

人工智能技术与控制环节相互融合,可使控制工作更快地达到人们要求的标准。人工智能中的控制技术最关键的作用是可使水利工程管理控制工作更加具有系统性,也规范了工作的流程和步骤。

人工智能控制技术可对相关数据进行相应的搜集与分析,然后将数据进行有效分类,最后对数据进行储存,这样可以更加方便数据的使用。在对数据进行查找及提取工作时,可以更好地节省时间,提高工作的效率。要想更加方便人们对人工智能中控制技术的应用,应该对控制界面进行相应的设计,构建一个人机和谐共处的系统。通过这个和谐的界面,可以实现对水流、水压的相关设定,保障水流、水压数据的准确性以及可靠性。

控制技术在设备检修方面也有重要作用,通过计算机技术对各个设备进行相应的监管,可以及时地发现设备中存在的问题,对其进行解决,避免设备故障造成的安全性问题。

在水利工程管理工作中,常会出现一些突发状况,这些突发状况会严重阻碍水利工程管理工作的正常运行。解决这个问题最好的办法是通过人工智能技术对控制过程进行实时监管,并且设置报警装置,一旦控制工作中出现问题,报警装置可及时发出报警警告,这样工作人员收到消息就会对存在的问题立即采取相应的措施,及时地解决问题,减少损失。报警的模式有很多,可通过图像、声音、电话等形式对工作人员传达突发情况发生的这一具体事件,这些方式都可将事件的具体状况进行详细的描述,这样可以减少工作人员到现场检查的环节,为检修人员提供了更多的时间去检修,节省了大量时间,提高了检修工作的质量效率。人工智能在水利工程控制工作中的作用非常大,因此需对人工智能技术进行合理有效的运用,帮助人们提高水利工程控制工作的质量。

2. 水利工程的动态模拟和预测

水利工程中的动态模拟与预测工作十分必要,模拟和预测的作用都是帮助工作人员发现水利工程管理中可能存在的问题,对这些问题进行及时分析,就可以很好地减少这些问题给管理工作带来的损失。同时对水利工程进行动态模拟与预测,还可以有效地降低管理工作的复杂程度,并且大幅降低管理工作的成本。

人工智能技术可以很好地满足水利工程管理工作对动态模拟及预测的要求。可通过利用人工智能中的计算机技术对水利工程进行相应的分析,通过三维技术对水利工程管理工作进行动态的模拟，使得工作人员可以更加直观地看到水利工程管理工作的流程，对于不合理的地方要进行改变。

同时可以利用人工神经网络来实现水利工程管理工作的预测。人工神经网络技术可以对影响水利工程管理工作的一些因素及周围环境的条件进行分类处理，并且将这些因素作为具体的数据，构建一个完整的输入网络。将一些需要实时监控的数据信息输入其中，例如水位、水压等。这些信息在计算机显示器上面会有相应的改变，每个时间点都有相应的数据，这样可以更加方便工作人员对水位、水压等动态的参数进行相应的分析，一旦出现突发状况，也可及时地发现并解决，这样可以很好地减少突发状况带来的伤害。对设备的状态也要进行动态的预测，实时观察设备所处状况，对这些状况数据进行具体分析，可及时地发现设备是否出现故障，一旦出现故障需立刻指派修理人员对设备进行检修工作，保障设备的正常运行。因此，人工智能在水利工程管理工作中的预测及模拟方面有着重要的作用。

3. 遗传算法在水利工程管理中的作用

对于水利工程管理工作来说，遗传算法能有效地对水利工程数值模型进行完善。将遗传算法当作着手点，能及时地发现并处理问题，这样可降低问题的阻碍性，帮助管理工作顺利进行。在遗传算法的实际应用中，要使遗传算法发挥重要作用，就要求相关工作人员在水利工程管理工作中构建相应的遗传算法技术体系。

首先需对遗传算法的编码工作进行相应的设定，保障编码工作的完备性、便捷性及全面性。对于遗传算法的使用需设置一些固定的约束条件，这样才可以使遗传算法正常进行工作。同时对于遗传算法条件的设置还可以促进数学建模工作、函数的计算等工作的开展。遗传算法在实际使用时，应该和地理条件进行相应的结合，通过利用地理信息中的空间问题来提高遗传算法的空间数据处理技术及显示分类等工作水平。同时遗传算法的使用也可以对水利工程进行相应的监督。需根据水利工程的实际状况对监督方式进行选择，提高水利工程管理工作的有效性。

四、遥感技术

遥感技术是通过探测收集物体表面反射、发射、散射的电磁波信号，来提取这些物体固有特征及状态信息的技术，通过对地表物体的远距离识别，从而获得地球及其环境的可靠信息。遥感系统由空间信息采集、地面接收和预处理、地面实况调查、信息分析应用等子系统组成。

遥感技术与水利行业相结合已有30多年的历史,尤其是在水利信息化的背景之下,面向水利行业的遥感技术与应用更是飞速发展,取得了不少成果。对于水利信息化来说,遥感技术不仅是一种数据获取手段,而且是集数据获取、处理、分析和定量表达的综合技术。

五、地理信息系统

地理信息系统(GIS)是在计算机硬件、软件系统支持下,对整个或部分地球表层(包括大气层)空间中的有关地理分布数据进行采集、存储、管理、运算、分析、显示和描述的技术系统。地理信息系统功能十分强大,应用十分广泛,遍及各行各业。在水利行业GIS技术得到广泛应用已经有十多年的时间,并且逐步发挥了巨大的作用,其主要体现在地理位置确定、地理信息展示、行业信息展示、信息统计分析及功能集成等方面。

六、全球定位系统

利用GPS定位卫星,在全球范围内实时进行定位、导航的系统,称为全球卫星定位系统。GPS是由美国国防部研制建立的一种具有全方位、全天候、全时段、高精度的卫星导航系统,能为全球用户提供低成本、高精度的三维位置、速度和精确定时等导航信息,是卫星通信技术在导航领域的应用典范,它极大地提高了地球社会的信息化水平,有力地推动了数字经济的发展。

GPS定位具有高灵活性、高精度、快速度、提供三维坐标、全天候作业、操作简便及全球连续覆盖等特点,已成为获取空间数据的重要手段,也广泛应用于防汛减灾、水情测报、水资源实时监控、水土保持监测与治理及水利工程建设与安全监测等方面。

七、北斗卫星通信技术

作为我国洪涝灾害的主要预防、发布和处理单位,水文监测站在我国居民生活安全、水利工程建设发展等方面具有重要意义。随着我国科学技术的发展,航空航天、卫星通信等高端技术越来越多地被应用到水文监测领域当中,通过更加精准、实时的定位辅助,为工作人员提供了有效的数据导向支持,大大提高了水文监测站的工作质量和工作效率。

(一)北斗卫星通信概述

“北斗卫星”是我国自主研发的区域性、实时性卫星定位系统,多次在我国重大灾害事件期间的灾情报告、数据通信等环节发挥出巨大作用。具体来讲,北斗卫星定位通信系统由空间卫星、地面接收站、各类用户机端三个环节组成。

(1)空间卫星通常为三颗,即一颗在轨备份卫星和两颗地球静止卫星,它们通过光束天线与地球上的基站、用户机端进行实时的数据连接,并根据具体工作要求快速定位任务目标所在的地理区域,将地面数据、导航情况等信息传送给用户机端和相关部门。

(2)北斗卫星定位通信系统地面接收站的总部设在北京,是介于空间卫星端与用户机端间的信息处理站。当用户机端在工作中遇到问题,或发生特殊数据需求时,地面接收站便会根据接收到的要求信号进行针对性的数据分析、处理并及时反馈出响应信号,为测报站工作人员的顺利工作保驾护航。

(3)用户机端也可称为移动端、定位端,按照用途可分为指挥型和普通型两种,是卫星数据的主要接收端口,用于处理和分析空间卫星端发送来的实时数据,继而为水文测报站工作人员的地面活动、工作方向提供数据支持。同时,用户机端还可根据工作人员的具体需求实时向地面基站传送相关信息,并以此获得地面站的有效反馈,继而解决测报工作中遇到的特殊问题。一般情况下,一台指挥用户机在接收到卫星定位相关数据后,可将信息实时传送到其他用户分机端,继而实现区域内人员信息的有效联结。

(二)数据传输

水文测报数据传输中北斗卫星通信技术的工作方式:北斗卫星通信技术在水文测报数据传输中的应用,是以数据报告作为其主要的工作方式,也可采用"一发多收"的方式,并需要充分利用北斗卫星在信道容量方面的优势,其工作原理如下。

1. 点对点的固定数据传输

北斗卫星与用户终端之间的通信,是通过点对点的固定数据传输来完成的,该过程中需要借助地面站的转站。北斗卫星系统接收来自水文测站终端发送的波段(频率为 L),然后对该波段进行处理,转化其频率(L 波→C 波),再由地面站接收该波段。在一次单项的数据传输之后,需要将 C 波长处理后发送给北斗卫星系统,再经处理后,转化其频率(C 波→S 波)。然后由北斗卫星系统将 S 波发送给水文测站终端。需要接收多种波束的信息码时,则将 S 波发送给指挥终端。水文测站终端的局限在于可发送信息码的波速数量(仅有 1 个),而指挥终端则不会受限于此,需要根据水文测报数据传输的实际需要进行选择。

2. 一发多收

主站终端与其他用户终端共同建立用户群,主站终端能够在用户终端的映射范围内,使各用户终端均统一采用相同波束,同时发送相同的信息,实现一发多收,并在确认(中心站)、定时自报及核对(遥测站)后予以采纳处理,极大地提高了广播回执的效率,无须频繁进行传输。水文测报工作效率也会显著提升,更加完整有序地完成数据传输。

3. 精确授时

由后端设备发送指令,经由北斗卫星水文测报站终端向卫星发送数据报告。该过程中,CDMAS 是信道编码和调制的主要方式,根据水文测报的实际需要,收集所有站点的数据,充分利用了北斗卫星水文测报站信道容量大的优势。虽然当前的用户数量有限,尚未形成信道拥堵。但是随着北斗卫星通信技术在水文测报数据传输中应用能力的日渐成熟,用户数量也将不断增加,北斗卫星通信技术在该方面的优势也将展现出来。北斗卫星通信技术在水文测报数据传输中的应用过程中,需要利用其精确授时功能,能够在 3~5 s 内完成北斗卫星地面站(发送)和用户中心站(接收)之间的信息传输,极大地提高了工作时效。

八、数字应用发展趋势

数字应用从二维到三维的整体趋势,正在影响着自然资源信息化治理模式。2019 年 11 月自然资源部发布的《自然资源部信息化建设总体方案》中指出,无论是二维还是三维,自然资源信息化建设的内核未变,自然资源"两统一"的整体趋势也未变。除了"三维",自然资源信息化领域仍有许多工作要做。

(一)自然资源监管"一盘棋"

随着各级政策文件、技术标准的不断推出,自然资源信息化的框架已逐渐清晰。2022 年 4 月 18 日,自然资源部办公厅印发新一批新型基础测绘与实景三维中国建设技术文件,包括《基于 1:500　1:1 000　1:2 000 基础地理信息要素数据转换生产基础地理实体数据技术规程》《基础地理实体数据采集生产技术规程》《基础地理实体语义化基本规定》,为实景三维中国建设全面提速再次夯实标准基础。同时,实景三维数据生产及更新、时空数据库建设及维护等工作,也被列入各省(市)基础测绘规划及重点任务当中。从二维到三维,测绘与地理信息工作正在发生包括体制机制、工作流程、技术能力的全方位变化。而自然资源大部门的整合以及自然资源信息化建设的推进,是这一切变化的起点。

2018 年 3 月，自然资源部获批成立，将国家发展和改革委员会、国土资源部、环境保护部、住房和城乡建设部、农业部等多个相关职能部门整合，肩负起了统一行使全民所有自然资源资产所有者职责，统一行使所有国土空间用途管制和生态保护修复职责，实现山水林田湖草沙整体保护、系统修复、综合治理的重任。

2019 年 11 月，自然资源部发布的《自然资源部信息化建设总体方案》（以下简称《方案》）中，明确提出建立三维立体自然资源“一张图”，推进三维实景数据库建设，强化三维数据的管理、展示和应用。目前，自然资源信息化建设已经进入深化建设阶段。按照《方案》，到 2025 年将建成以自然资源“一张图”为基础的自然资源大数据体系，基本形成“数据驱动、精准治理”的自然资源监管决策机制。自上而下，“山水林田湖草沙”监管正逐渐被纳入统一的“一张网、一张图、一个平台、三大应用体系”当中，包括新型基础测绘、实景三维中国及三维立体时空数据库的建设工作，都在围绕这一目标推进。2022 年 3 月 18 日，自然资源部国土测绘司司长武文忠在“第二届新型基础测绘高峰论坛”上阐明了“新型基础测绘”“实景三维中国”“时空大数据平台”三者之间的关系。他表示，新型基础测绘是要构建我们的能力基础，实景三维中国是要构建我们的数据基础，时空大数据平台是要构建我们的服务基础。所以，新型基础测绘是构建实景三维中国的能力支撑体系，而实景三维中国是新型基础测绘的标准化产品之一，它又是时空大数据平台的基础时空数据集，而时空大数据平台则是新型基础测绘和实景三维中国的服务窗口。三者是相互关联、相互依存的上、中、下游关系。

（二）透过“三维”看本质

各个三维信息化建设项目虽然名称不同，但殊途同归。“站在技术支撑单位的角度来理解，无论业务数据、规划数据、土地数据还是基础地理信息数据，无论是实景三维中国还是自然资源三维立体时空数据库，最终都将汇集于三维自然资源‘一张图’，并基于此对外提供服务。”易智瑞高级副总裁康铭向泰伯网表示，“基于这样的理解，会发现虽然涉及三维的条线很多，但本质需求是不变的。”康铭表示：“作为平台企业，我们在这一领域的关注点也围绕两个核心不变：一是继续研发和加强市场所需的三维核心技术，加快产品研发和升级换代；二是紧紧围绕用户核心需求，研究从二维到三维迭代过程中能解决哪些新的问题。”“不过，针对不同业务条线、不同环节的需求也各不相同，因此在数据生产、数据处理、流程整合、平台搭建等具体工作上，仍然有细微差异。”以目前关注度最高的实景三维中国建设和三维立体时空数据库建设为例，二者之间存在密切关联，但工作内容有所差异。自然资源部总规划司武文忠表示，实景三维中国建设是未来各类时空数据建设的时空基底。国家基础地理信息中心原副主任刘若梅此前表示，将把三维立体时空数据库建设为自然资源调查监测各类空间数据成果的集成平台和应用服务平台。武大吉奥副总裁凌海锋向泰伯网介绍：“实景三维中国建设和三维立体时空数据库建设都采用了实体化的理念，建立基础地理、自然资源的实体化数据体系，强调数据的对象化、三维化、实体化、时序化，强调三维场景的应用。”凌海锋表示，实景三维中国建设形成的地形级、城市级数据成果是三维立体时空数据库建设的基础。三维立体时空数据库则更专注于支撑自然资源调查监测成果的管理，实景三维中国成果是三维立体时空数据建设的重要基础。在凌海锋看来，三维立体时空数据库建设，是自然资源数据管理模式的一种创新，其难点在于如何落实“基于全国统一的三维空间框架，构建自然资源三维立体时空数据模型，准确表达地上、地表、地下各类自然资源空间关系及属性信息”，同时建立三维立体时空数据库与自然资源已有数据体系的联系。而被看作时空基底的实景三维中国建设过程中，也面临着不少难点，在顶层设计、技术路线、应用效果、可持续运营等方面，都还存在讨论的空间。

（三）机遇不只源于“三维”

自然资源一体化、立体式监管的模式变化，以及产业升级的迫切需求，为从业者带来了全新的挑战和巨大机遇。业界应理清思路，用整体眼光看待自然资源信息化建设，以便更好地融入自然资源信息化的整体建设进程当中。凌海锋表示：“从业者需要认清测绘地理信息工作面临的新形势、各方的新需求、承担的新职能，围绕构建统一空间基准、统一本底数据，升级改造测绘地理信息业务与技术体系。”“面向已有成果，探索基础测绘数据、土地利用现状数据、基础地质数据、基础海洋数据的融合，面向‘山水林田湖草沙冰’自然资源‘生命共同体’，找出数据中的‘同’和‘异’，统筹整合一套空间上涵盖地上、地表、地下，时间上可贯通过去、现在和未来的自然资源一体化现状实体数据，实现真正的融合现状一张底图。”“同时，探索实体化技术服务自然资源数据治理。基于业务流程和关系，构建知识图谱，以地块为单元，通过给地块赋予唯一编码，建立时空、业务、社会信息等关联，实现自然资源数据一码统治。”康铭表示：“现阶段，三维相关的项目仍处于起步阶段，需要一定时间理清思路。同时，三维项目成本相对较高，建设周期也相对更长，应用场景有待探索，短时间内不可能完全替代原有二维应用。”“从二维到三维的数据量将产生爆发性增长，庞大的数据增量将对业务架构、数据管理、系统搭建及应用开发带来更高的挑战。同时，三维数据的标准体系仍在完善过程当中，不同来源的数据融合方面存在大量工作，各种数据的标准化和统一化将是三维相关建设工作中最大的挑战。另外，三维领域还需要时间形成完整的产业业态，让三维从展示深入到真正的行业应用之中。"康铭认为，在未来较长的时间内，二维数据仍然是业务应用的主体，并将在应用中逐步实现从二维到三维的过渡。"虽然三维是现在自然资源领域的一大风口，但并不意味着只有三维领域才有机会，实际上，行业中需要做的工作还非常多。"康铭表示，"自然资源部是由多个部门整合而成的新部门，经过一段时间，各部门的业务逻辑已经逐渐理顺，但业务流程尚未完成深度整合。运用数字化手段，促进业务流程深度整合再造，加速实现自然资源监管与利用的'一盘棋'，我认为是未来一段时间自然资源领域中最大的机会。"凌海锋也表示："相继出台的实景三维中国建设、调查监测体系建设、空间规划和用途管制、不动产数据质量提升、耕地保护、生态修复等管理工作要求，都将需要信息化提供更有效的支撑。""在推进自然资源信息化的过程中，需要业内企业共同协作，避免不健康竞争，形成良性的生态。业内企业也需要调整心态，迎接大型互联网企业入局带来的错位竞争。"凌海锋提示，"疫情可能会成为一个新的常态，如何在常态化的疫情下改变服务客户的模式，也将成为未来一段时间的挑战。"

第二节 通信技术

通信网络是水利信息化的重要基础平台，承载着水利信息化资源的有效传输，可以提高信息采集、传输的时效性和自动化水平，是水利现代化的基础和重要标志。水利专用通信系统可传输语音、数据、图像等各种信息，为水利管理、防汛抗旱、水利量测、水资源调度等服务。

一、通信方式

根据不同的业务、容量、路由、通信系统使用的限制（包括地理情况、规章制度、距离、可用频率、人为破坏、电源条件等）、通信系统要求的传输质量及可靠性等进行选择。水利系统可选择自建或租用通信传输电路。自建电路采用如下方式：

（1）通信电缆。

（2）光纤电路，可在信息量传输需求较大的水利部门之间使用。

(3)微波通信电路,具有抗水毁能力强、传输容量适中、建站方便、易于管理等特点。

(4)超短波通信电路,具有抗水毁能力强、传输距离较远等特点。

(5)短波通信电路,具有抗水毁能力强、传输距离很远等特点。

(6)常规移动无线电通信。

(7)集群通信,具有调度指挥、跨区漫游、交换、中继和网络管理功能。

(8)卫星通信,具有抗水毁能力强、覆盖面积大、组网灵活、机动性能好、有广播功能、建站方便、易于管理等特点。

由于水利工程多处于偏远地区,交通不便,供电困难,地形复杂,而且通信业务量多集中在雨季,水利通信系统以无线通信为主,如短波通信、超短波通信和微波通信。

二、通信技术要求

(1)水利通信网应可靠性高、实用性强和功能齐全,并需配置备用通路或冗余路由。

(2)与公用电信网按照行政区划布网不同,水利通信网宜沿江河水系布网,并应因地制宜做好水利通信网的规划和建设工作。

(3)水利通信网应在暴雨、洪水、台风等严重自然灾害情况下保障通信畅通。在公用通信网不能满足需求的情况下,县以下和重点防洪地区应建设专用通信网络,且应按照紧急状态下预见的通信业务设计和装备通信网。

(4)通信设备应配置高可靠性的电源设备,并应有备用电源。

(5)水利通信工程建设应采取防雷与接地措施,并符合相关标准的规定。

三、应用

水利通信网络主要承担以下功能与业务。

(1)语音、短消息通信。水利部门可通过电话完成部门内部和与水利系统外部的电话联系,完成传真和部分低速数据传输业务;各级防汛抗旱指挥部门之间及其与防洪重点地区、大(中)型水库、重要闸站、重点防洪堤段和蓄滞洪区等,可通过语音、短信迅速、方便、可靠地完成指挥调度命令的传输。

(2)防汛抗旱信息传输。各级防汛抗旱指挥部门可利用水利通信网,实时收集、传输并发布雨情、水情、气象、工情、旱情、灾情等信息,准确、及时做出预报,制订防汛调度方案。

(3)异地会商。各级防汛抗旱指挥部门可利用异地会商系统,在不同的地点共同进行分析、研讨和决策,及时、科学地制订防汛调度方案,还可利用异地会商系统为其他水利业务提供服务。

(4)遥测。水利部门应在流域的一定范围内通过传感、通信和计算机技术,建设遥测系统,实现远程数据自动采集,及时获得雨情、水情和工情等信息。

(5)遥控。水利部门应建立由监控中心站和若干个遥控站组成的遥控系统,完成对远端水利工程设施工作状态的调整和控制,实现对水利工程设施运行状态的远程操作。

(6)水资源管理信息传输。水利部门应采用多种通信手段,建立水资源管理信息系统,完成江、河流域的水资源调度和分配。

(7)预警反馈。水利部门应建立蓄滞洪区预警反馈通信系统,及时发布洪水警报,迅速反馈蓄滞洪区的灾情和抗洪抢险救灾情况,保障蓄滞洪区内人民生命和财产安全。

(8)应急通信。水利部门应在洪涝灾害发生时,在常规通信方式无法满足抢险需求的情况下,应采用紧急通信手段,保障通信畅通。

(9)计算机通信网络。水利部门可利用计算机通信网络,实现信息传递和资源共享。

第三节　信息存储与管理技术

各级水利部门在多年的工作实践中积淀并形成了海量的水利信息资源,这些数据是国家空间基础设施的重要组成部分,是开展各项水利业务的重要支撑。为了充分发挥海量数据在水利工作中的基础作用,实现信息共享,各级水利部门积极利用先进的信息存储与管理技术,包括海量存储设备、网络存储技术、数据库技术。

一、存储设备

常用的信息存储设备包括以下内容:

(1)利用电能方式存储信息的设备,如随机 RAM、ROM、U 盘、固态硬盘等各式存储器。

(2)利用磁能方式存储信息的设备,如硬盘、软盘、磁带、磁芯存储器、磁盘存储器。

(3)利用光学方式存储信息的设备,如 CD 或 DVD。

(4)利用磁光方式存储信息的设备,如MO(磁光盘)。

(5)专用存储系统,如用于数据备份或容灾的专用信息系统、利用高速网络进行大数据量存储信息的设备。

二、网络存储技术

随着计算机应用技术、硬件技术和网络技术的日新月异,网络存储技术的运用愈加普遍。网络存储结构大致分为3种:直连式存储(direct attached storage,DAS)、网络附属存储(network attached storage,NAS)和存储区域网络(storage area network,SAN)。

(一)直连式存储(DAS)

DAS是一种存储器直接连接到服务器的架构,在这种方式中,存储设备是通过电缆(通常是SCSI接口电缆)直接连到服务器的。I/O(输入/输出)请求直接发送到存储设备。DAS依赖于服务器,其本身是硬件的堆叠,不带有任何存储操作系统。直连式存储与服务器主机之间的连接通常采用SCSI连接,随着服务器CPU的处理能力越来越强,存储硬盘空间越来越大,阵列的硬盘数量越来越多,SCSI通道将会成为I/O瓶颈。随着用户数据的不断增长,尤其是数百GB以上时,其在备份、恢复、扩展、灾备等方面的问题变得日益困难。

(二)网络附属存储(NAS)

NAS是连接在网络上,具备资料存储功能的装置,因此也称为网络存储器。NAS设备一般支持多计算机平台,用户通过网络支持协议可进入相同的文档,因而NAS设备无须改造即可用于混合Unix/Windows局域网内;NAS设备的物理位置灵活,可放置在工作组内,靠近数据中心的应用服务器,也可放在其他地点,通过物理链路与网络连接起来。无须应用服务器的干预,NAS设备允许用户在网络上存取数据,这样既可减小CPU的开销,也能显著改善网络的性能。然而,由于存储数据通过普通数据网络传输,因此易受网络上其他流量的影响。当网络上有其他大数据流量时,会严重影响系统性能;由于存储数据通过普通数据网络传输,因此容易产生数据泄漏等安全问题。

(三)存储区域网络(SAN)

SAN是一种高速网络或子网络,提供在计算机与存储系统之间的数据传输。SAN采用网状通道(fibre channel,FC)技术,通过FC交换机连接存储阵列和服务器主机,建立专用于数据存储的区域网络。SAN不受现今主流的、基于SCSI存储结构的布局限制;随着存储容量的爆炸性增长,SAN允许企业独立增加它们的存储容量;SAN 的结构允许任何服务器连接到任何存储阵列,这样不管数据置放在哪里,服务器都可直接存取所需的数据;因为采用了光纤接口,SAN 还具有更大的带宽;SAN 解决方案是从基本功能剥离出存储功能,所以运行备份操作无须考虑它们对网络总体性能的影响;SAN 方案也使得管理及集中控制实现简化,特别是对于全部存储设备都集群在一起的情况。

三、数据库技术

(一)数据库

数据库(database,DB)顾名思义就是存放数据的仓库,但这个“仓库”是建立在计算机存储设备上的。数据库是相互关联的数据的集合,它用综合的方法组织数据,具有较小的数据冗余,可供多个用户共享,具有较高的数据独立性,具有安全控制机制,能够保证数据的安全、可靠,允许并发地使用,能有效、及时地处理数据,并能保证数据的一致性和完整性。一般来说,存储在数据库中的数据可以分为用户数据和系统数据两类。用户数据是人为地存储到数据库中,并为应用数据库提供服务;系统数据是数据库系统自动定义和使用的数据,为管理数据库提供服务。

(二)数据库管理系统(database management system,DBMS)

它运行在操作系统之上,为用户提供数据管理服务。具体来说,数据库管理系统具备如下功能:

(1)数据库定义功能,可以定义数据库的结构和数据库的存储结构,可以定义数据库中数据之间的联系,也可以定义数据的完整性约束条件和保证完整性的触发机制等。

(2)数据库操纵功能,可以完成对数据库中数据的操作,可以装入、删除和修改数据,可以重新组织数据库的存储结构,也可以完成数据库的备份和恢复等操作。

(3)数据库查询功能,可以以各种方式提供灵活的查询功能,使用户可以方便地使用数据库的数据。

(4)数据库控制功能,可以完成对数据库的安全性控制、完整性控制及多用户环境下的并发控制等各方面的控制。

(5)数据库通信功能,在分布式数据库或提供网络操作功能的数据库还必须提供数据库的通信功能。

(三)应用

水利行业数据库建设是水利信息化的基础,也是水利管理决策的重要依据。目前,水利行业已建成了许多数据库,主要集中在防汛抗旱指挥和行政资源管理方面。一些大型基础性数据库的建设也在进行中。水利基础数据库的建设主要集中在水文数据库建设、水利空间数据库建设、水利工程数据库建设3个方面。

(1)水文数据库存储经过整编的历年水文观测数据,是开发水利、防治水害、合理利用水资源、保护环境和进行其他经济建设必不可少的基本资料。

(2)水利空间数据库是描述所有水利要素空间分布特征的数据库,信息主要来自各类地图,通过地理信息系统空间建库功能,建立满足不同应用精度要求,具有相同坐标体系的数字地图信息。

(3)水利工程数据库是描述所有水利工程基础属性的数据库,包括设计指标、工程现状及历史运用信息。其他基础数据库有防洪工情数据库、雨水情数据库、社会人文经济信息数据、多媒体资料库、气象图文数据库、历史资料数据库、水环境基础数据库、水土保持数据库。

第四节　软件工程技术

软件工程是一门研究用工程化方法构建和维护有效、实用的高质量软件的学科。它涉及程序设计语言、数据库、软件开发工具、系统平台、标准及设计模式等方面。软件工程就是将系统化的、严格约束的、可量化的方法应用于软件的开发、运行和维护,即将工程化应用于软件。软件工程过程主要包括开发过程、运作过程、维护过程。它覆盖了需求、设计、实现、确认及维护等活动。近几年,中间件、虚拟化、互联网、云计算等新概念不断涌现,为软件工程提供了新技术、新方法。

一、云计算

(一)云计算架构

一般来说,目前大家比较公认的云架构划分为基础设施即服务、平台即服务和软件即服务。基础设施即服务的目标是在网上提供虚拟的硬件、网络等基础设施,用户可以使用该服务部署自己的网站及软件,以实现自己的业务需求。而平台即服务是在IaaS层次之上提供中间件,用户可使用平台功能,快速开发部署SaaS应用。软件即服务的历史更长,其实是实现了可配置业务服务,用户仅仅需要通过配置,以完成自己需要的业务功能,因此软件即服务一般直接面向最终用户,实现"云"计算。从部署的角度看,云计算可以分为3种基本类型:公有云、私有云和混合云。公有云是由若干用户或企业共享的云环境;私有云的基础架构是企业或组织单独拥有和使用的;混合云则是公有云和私有云的混合形式。由于安全性、隐私性是当前公有云所面临的严峻挑战,私有云和混合云成为当前企业主要的采用形式。

(二)关键技术

虚拟化与面向服务的体系结构(SOA)、Web服务是实施云计算最为关键的技术,虚拟机技术可用于计算、存储和网络资源的整合,能为有效解决资源整合难的问题提供可行途径;遵循SOA,目的是利用SOA的开放性和标准化实现多样的集成机制,进而解决数据资源共享难、系统横向业务协同难的问题。虚拟化是资源的逻辑表示,它不受物理限制的约束。从软件工程角度,SOA包含了一组用来设计、开发和部署软件系统的原则和方法,最大的优点在于为软件系统提供松耦合机制、跨平台的特性;Web服务是具有自包含、自描述特性的,基于标准技术的组件,可以通过Web进行访问,也是实现SOA的最主要方式。通常,云服务被设计成标准的Web服务,并纳入SOA体系进行管理和使用。

(三)应用

对于水利信息化应用而言,水利行业技术密集问题复杂、协作性强,应用上要求信息共享、知识智能、协同工作等,很多具体应用需求和未来发展需要也普遍存在,例如,水利信息化应用中不乏需要高性能计算的用例。显然,水利信息化可受益于云计算所提供的灵活随需、动态可扩展的架构,运用云计算技术解决水利领域中存在的"基础资源整合难、遗产系统重用难、业务系统协同难"等共性问题。但是,事实上,成功的云应用和平台还处于初始阶段,依然缺乏更为系统的、方法论层面的研究。当前,在云计算与水利信息化领域结合方面,存在诸多问题,比如选型、架构、成本核算、云服务方式、水利信息化特定场景应用等,最为突出的问题是缺乏统一标准和亟待明确的应用方式。由于云计算尚未形成统一的标准,各大IT公司、开源组织也提出侧重不同场景的解决方案,这就使得云计算研究和应用存在以邻为壑的现象。

不同标准的云计算体系,将直接带来数据、资源管理、安全及互操作方面的问题。如果水利领域上下级单位或者横向部门不能通盘考虑,采用不同技术手段的云计算解决方案,必然导致各种应用之间不能协同工作,信息孤岛仅是变成了信息孤"云",计算数据资源还是根本不能充分利用,必然使得云计算的优势将大打折扣。

对于水利领域云应用的建设思路,应“以信息共享、互联互通为重点,大力推进水利信息化资源整合与共享,向全社会提供进出信息服务”,通过集中人力、物力构建云计算平台,减少不必要的软硬件投资,各级、各地水利部门可以在水利云平台上拥有自己的私有云,将自身的信息化资源纳入共享、整合的机制下,用户通过网络按需访问云中的信息服务,实现水利信息资源畅达“最后一公里”。但是,当前对于以何种方式开展云应用并非很明确,往往选用了某个解决方案或选型软件就建立云平台,最后发现花了高昂的建设成本,却没能解决期望解决的业务问题。对于中小规模的单位而言,创建一个私有云,既是云用户,又当云管理者,应用和管理成本会很高。另外,有些单位的应用需要保证数据资源的安全,而有些单位的应用需要考虑低成本的快速扩展所需的计算资源,这就需要采用不同的云应用方式。

二、虚拟化

虚拟化(virtualization)是 IaaS 的核心和关键,虚拟化是一种资源管理技术,是将计算机的各种实体资源,如服务器、网络、内存及存储等,予以抽象、转换后呈现出来,打破实体结构间不可切割的障碍,使用户可以比原本的组态更好的方式来应用这些资源。这些资源的新虚拟部分是不受现有资源的架设方式、地域或物理组态所限制。虚拟化是一种方法,从本质上讲是指从逻辑角度而不是物理角度来对资源进行配置,是从单一的逻辑角度来看待不同的物理资源的方法。对于用户,虚拟化技术实现了软件跟硬件分离,用户不需要考虑后台的具体硬件实现,而只需在虚拟层环境上运行自己的系统和软件。通过虚拟化可以对包括基础设施、系统和软件等计算机资源的表示、访问和管理进行简化,并为这些资源提供标准的接口来接收输入和提供输出。根据被虚拟的资源的不同,虚拟化技术可分为服务器虚拟化、存储虚拟化、网络虚拟化、应用虚拟化等。

(一)服务器虚拟化

服务器虚拟化能够通过区分资源的优先次序,并可以随时随地将服务器资源分配给最需要它们的工作负载来简化管理以提高效率,从而减少为单个工作负载峰值而储备的资源。

通过服务器虚拟化技术,用户可以动态启用虚拟服务器(又叫虚拟机),每个服务器实际上可以让操作系统及在上面运行的任何应用程序误以为虚拟机就是实际硬件。运行多个虚拟机还可以充分发挥物理服务器的计算潜能,迅速应对数据中心不断变化的需求。

(二)存储虚拟化

所谓虚拟存储,就是把多个存储介质模块(如硬盘、磁盘阵列)通过一定的手段集中管理起来,所有的存储模块在一个存储池中得到统一管理,从主机和工作站的角度,看到的不是多个硬盘,而是一个分区或者卷,就好像是一个超大容量的硬盘。这种可以将多种、多个存储设备统一管理起来,为使用者提供大容量、高数据传输性能的存储系统,就称为虚拟存储。

(三)网络虚拟化

网络虚拟化从总体来说,分为纵向分割和横向整合两大类概念。早期的“网络虚拟化”,是指虚拟专用网络(VPN)。VPN对网络连接的概念进行了抽象,允许远程用户访问组织的内部网络,就像物理上连接到该网络一样。网络虚拟化可以帮助保护IT环境,防止来自Internet的威胁,同时使用户能够快速安全地访问应用程序和数据。随后的网络虚拟化技术随着数据中心业务要求发展为:多种应用承载在一张物理网络上,通过网络虚拟化分割(称为纵向分割)功能使得不同企业机构相互隔离,但可在同一网络上访问自身应用,从而实现了将物理网络进行逻辑纵向分割虚拟化为多个网络。如果把一个企业网络分隔成多个不同的子网络,它们使用不同的规则和控制,用户就可以充分利用基础网络的虚拟化功能,而不是部署多套网络来实现这种隔离机制。

从另外一个角度来看,多个网络节点承载上层应用,基于冗余的网络设计带来复杂性,而将多个网络节点进行整合(称为横向整合),虚拟化成一台逻辑设备,提升数据中心网络可用性、节点性能的同时将极大简化网络架构。使用网络虚拟化技术,用户可以将多台设备连接,通过“横向整合”组成一个“联合设备”,并将这些设备看作单一设备进行管理和使用。虚拟化整合后的设备组成了一个逻辑单元,在网络中表现为一个网元节点,管理简单化、配置简单化、可跨设备链路聚合,极大地简化网络架构,同时进一步增强冗余可靠性。

(四)应用虚拟化

应用虚拟化通常包括两层含义:一是应用软件的虚拟化,二是桌面的虚拟化。所谓应用软件虚拟化,就是将应用软件从操作系统中分离出来,通过自己压缩后的可执行文件夹来运行,而不需要任何设备驱动程序或者与用户的文件系统相连,借助于这种技术,用户可以减小应用软件的安全隐患和维护成本,以及进行合理的数据备份与恢复。

桌面虚拟化就是专注于桌面应用及其运行环境的模拟与分发,是对现有桌面管理自动化体系的完善和补充。当今的桌面环境将桌面组件(硬件、操作系统、应用程序、用户配置文件和数据）联系在一起，给支持和维护带来了很大困难。采用桌面虚拟化技术之后，将不需要在每个用户的桌面上部署和管理多个软件客户端系统，所有应用客户端系统都将一次性地部署在数据中心的一台专用服务器上，这台服务器就放在应用服务器的前面。客户端也将不需要通过网络向每个用户发送实际的数据，只有虚拟的客户端界面（屏幕图像更新、按键、鼠标移动等）被实际传送并显示在用户的电脑上。最终用户对这个过程是一目了然的，最终用户的感觉好像是实际的客户端软件正在他的桌面上运行一样。

面对水信息存储及应用上的多源、异构、自治的特点，根据虚拟化的基本思想，保持各数据来源的高度自治，允许数据源存在加入和退出的独立性和随机性，构件虚拟化的水利数据共享体系，能够很好地解决多源异构的水利信息在自治管理条件下共享和联合应用等问题。

通过服务器整合，控制和减少物理服务器的数量，可以显著提高各个物理服务器及其 CPU 的资源利用率，从而降低硬件成本，同时可将所有服务器作为大的资源统一进行管理，并按需进行资源调配。虚拟化技术的应用，将加快新服务器和应用的部署，大大降低服务器重建和应用加载时长。此外，虚拟化技术还可提高系统运行可靠性，简化数据备份方式和恢复流程，降低运营和维护成本。

三、中间件

中间件是指网络环境下处于操作系统、数据库等系统软件和应用软件之间的一种起连接作用的分布式软件，主要解决异构网络环境下分布式应用软件的互联与互操作问题，提供标准接口、协议，屏蔽实现细节，提高应用系统易移植性。中间件在操作系统、网络和数据库之上，应用软件的下层，总的作用是为处于自己上层的应用软件提供运行与开发的环境，帮助用户灵活、高效地开发和集成复杂的应用软件，形象地说，就是上下之间的中间。此外，中间件主要为网络分布式计算环境提供通信服务、交换服务、语义互操作服务等系统之间的协同集成服务，解决系统之间的互联互通问题，形象地说就是所谓左右之间的中间。

（一）技术特点

中间件有以下几个重要特征：

（1）平台化。中间件是一个平台，必须独立存在，它是运行时刻的系统软件，为上层的网络应用系统提供一个运行环境，并通过标准的接口和 API（应用程序编程接口)来隔离其支撑的系统,实现其独立性,也就是平台性。

(2)应用支撑。中间件的最终目的是解决上层应用系统的问题,现代面向服务的中间件在软件的模型、结构、互操作以及开发方法等4个方面提供了更强的应用支撑能力。

(3)软件复用。现代中间件的发展重要趋势就是以服务为核心,通过服务或者服务组件来实现更高层次的复用解耦合互操作。

(4)耦合关系。基于SOA架构的中间件通过服务的封装,实现了业务逻辑与网络连接、数据转换等进行完全的解耦。

(5)互操作性。基于SOA的中间件能够屏蔽操作系统和网络协议的差异,实现访问互操作、语义互操作。

(二)应用

水利信息化综合系统建设是一项复杂而庞大的系统工程,资源的高度共享和集成是其建设的主要目标之一。应用服务平台搭建是建立共享机制的关键,采用的技术手段主要是中间件。

1. 整合新老系统

采用数据库中间件技术解决异种数据源的新老系统集成,特别是对仍需要由原有系统更新数据的一类原有应用系统。采用面向消息或对象的中间件技术解决原有系统业务逻辑层的集成,其基本思想是抽取原有系统的业务逻辑依托应用服务进行封装,通过互操作等桥接方式完成控制集成。

2. 建立数据共享服务

结合水文数据库、工情险情数据库以及各类实时数据库的建设,利用中间件技术实现资源共享与应用集成,建立数据共享平台,达到数据共享方式从应用直接访问非专有数据库到通过共享平台的转换。要实现的内容主要包括异构数据库的集成、资源统一管理、资源共享及访问管理等几个方面的工作。异构数据库、分布式数据库的集成可以利用数据库中间件来实现,为各种应用系统提供数据库间接访问服务。跨平台的数据交换可以借助通信中间件或消息传递中间件完成。

3. 开发空间信息处理逻辑

GIS服务是应用服务平台提供的一项面向各个应用系统的重要服务。利用GIS中间件,开发C/S(客户/服务器)和B/S(浏览器/服务器)结构的空间信息服务,提供空间数据库管理功能,在空间数据管理的基础上实现地图导航/查询、地图叠加表现、图形图像表示、空间信息分析及可视化的计算模拟服务、虚拟现实等。

4. 构建通用会商支持模块

通过分析应用系统的组成不难发现,除专业模型外,在数据查询、统计分析、绘图等会商支持方面有很多的共性,而且这部分开发工作的比重远大于专业模型。对于这些通用的会商支持功能模块,可以通过目前比较成熟的远程过程调用中间件技术实现共享。此外,还可以利用中间件技术实现网络安全管理、权限及冲突处理、网络负载平衡等。

第五节　信息系统集成技术

集成即集合、组合、一体化,以有机结合、协调工作、提高效率和创造效益为目的,将各个部分组合成为全新功能的、高效和统一的有机整体。信息系统集成是指通过结构化的综合布线系统和计算机网络技术,将各个分离的设备、功能和信息等集成到相互关联的、统一的和协调的系统之中,使资源达到充分共享,实现集中、高效、便利的管理。信息系统集成包括硬件集成、软件集成、数据信息集成、技术管理集成、组织机构集成等。

根据诺兰模型,信息化的阶段可被划分为初始阶段、普及阶段、发展阶段、系统内集成阶段、跨部门集成阶段、成熟阶段等多个阶段。目前,我国水利信息化总体上处于发展阶段,同时具有从发展阶段到集成阶段过渡的需求。随着水利信息化的不断发展,各水利部门根据自身的需要,建立了许多应用系统,这些系统的应用对减少工作人员的工作量、提高工作效率起到了积极的作用。但总的来看,现有系统中,信息的有效利用率不高,部门内部及部门之间的信息与业务流程衔接还不紧密,各类信息系统相对独立,信息系统建设水平较低,“信息孤岛”问题还比较突出。

水利信息系统集成主要包括3个层次:数据集成、应用集成、网络集成。

一、数据集成

数据集成是把不同来源、格式及特点性质的数据在逻辑上或物理上有机地集中起来,从而提供全面的数据共享。在数据集成领域,已经有了很多成熟的框架可以利用,通常采用联邦式、基于中间件模式和数据仓库等方法来构造集成的系统。

(1)联邦数据库系统(FDBS)由半自治数据库系统构成,相互之间分享数据,各数据源之间相互提供访问接口,同时联邦数据库系统可以是集中数据库系统或分布式数据库系统及其他联邦式系统。在这种模式下又分为紧耦合和松耦合两种情况：紧耦合提供统一的访问模式，一般是静态的，在增加数据源上比较困难；而松耦合则不提供统一的接口，但可以通过统一的语言访问数据源，其核心是必须解决所有数据源语义上的问题。

（2）基于中间件模式通过统一的全局数据模型来访问异构的数据库、遗留系统、Web 资源等。

中间件位于异构数据源系统（数据层）和应用程序（应用层）之间，向下协调各数据源系统，向上为访问集成数据的应用提供统一数据模式和数据访问的通用接口。各数据源的应用仍然完成它们的任务，中间件系统则主要集中为异构数据源提供一个高层次检索服务。中间件模式通过在中间层提供一个统一的数据逻辑视图来隐藏底层的数据细节，使得用户可以把集成数据源看作一个统一的整体。这种模型下的关键问题是如何构造这个逻辑视图，并使得不同数据源之间能映射到这个中间层。

（3）数据仓库是面向主题的、集成的、与时间相关的和不可修改的数据集合。其中，数据被归类为广义的、功能上独立的、没有重叠的主题。联邦数据库系统主要面向多个数据库系统的集成，其中数据源有可能要映射到每一个数据模式，当集成的系统很大时，将对实际开发带来巨大的困难。数据仓库技术则在另外一个层面上表达数据之间的共享，它主要是为了针对某个应用领域提出的一种数据集成方法，即建立面向主题的数据仓库应用。

二、应用集成

应用集成就是建立一个统一的综合应用，即将截然不同的、基于各种不同平台、用不同方案建立的应用软件和系统有机地集成到一个无缝的、并列的、易于访问的单一系统中，并使它们像一个整体一样，进行业务处理和信息共享。应用集成包含以下几个层次：

（1）数据接口层。其解决的是应用集成服务器与被集成系统之间的连接和数据接口的问题。涉及的内容包括应用系统适配器、Web 服务接口以及定制适配器等。通常采用适配器技术。

（2）应用集成层。应用集成层位于数据接口层之上，它主要解决的是被集成系统的数据转换问题，方法是通过建立统一的数据模型来实现不同系统间的数据转换。其涉及的内容包括数据格式定义、数据转换以及消息路由等。

（3）流程集成层。流程集成层位于应用集成层之上，它将不同的应用系统连接在一起，进行协同工作，并提供业务流程管理的相关功能，包括流程设计、监控和规划。

(4)用户交互层。最上端是用户交互层,它为用户在界面上提供一个统一的信息服务功能入口,通过将内部和外部各种相对分散独立的信息组成一个统一的整体,保证了用户既能够从统一的渠道访问其所需的信息,也可以依据每一个用户的要求来设置和提供个性化的服务。

三、网络集成

网络集成即是根据应用的需要,运用系统集成方法,将硬件设备、软件设备、网络基础设施、网络设备、网络系统软件、网络基础服务系统、应用软件等组织成为一体,使之成为能组建一个完整、可靠、经济、安全、高效的计算机网络系统的全过程。从技术角度来看,网络系统集成是将计算机技术、网络技术控制技术、通信技术、应用系统开发技术、建筑装修等技术综合运用到网络工程中的一门综合技术。网络系统集成体系由网络平台、服务平台、应用平台、开发平台、数据库平台、网络管理平台、安全平台、用户平台、环境平台构成。

(1)网络平台。包括网络传输基础设施、网络通信设备、网络协议、网络操作系统和网络服务器。

(2)服务平台。包括信息点播服务、信息广播服务、Internet 服务、远程计算与事务处理、电视电话监控等其他服务。

(3)应用平台。包括电子数据交换、电子商务等。

(4)开发平台。主要指进行网络应用程序开发所使用的工具,主要包括数据库开发工具、Web 开发工具、多媒体创作工具、通用类开发工具等。

(5)数据库平台。

(6)网络管理平台。包括管理者的网管平台和代理的网管平台。

(7)安全平台。使用的主要技术包括防火墙技术、数据加密技术、访问限制等。

(8)用户平台。包括 C/S 平台界面、B/S 平台界面、图形用户界面等。

(9)环境平台。包括机房、电源、其他辅助设备等。

第六节　决策支持技术

决策支持系统(decision support system,DSS),是以管理科学、运筹学、控制论和行为科学为基础,以计算机技术、仿真技术和信息技术为手段,针对半结构化的决策问题,支持决策活动的具有智能作用的人机系统。

一、功能

决策支持系统能够为决策者提供所需的数据、信息和背景资料,帮助明确决策目标和进行问题的识别,建立或修改决策模型,提供各种备选方案,并且对各种方案进行评价和优选,通过人机交互功能进行分析、比较和判断,为正确的决策提供必要的支持。系统只是支持用户而不是代替用户判断。因此,系统并不提供所谓"最优"的解,而是给出一类满意解,让用户自行决断。同时,系统并不要求用户给出一个预先定义好的决策过程。系统所支持的主要对象是半结构化和非结构化的决策(不能完全用数学模型、数学公式来求解)。它的一部分分析可由计算机自动进行,但需要用户的监视和及时参与。决策支持系统采用人机对话的有效形式解决问题,充分利用人的丰富经验、计算机的高速处理及存储量大的特点,各取所长,有利于问题的解决。

二、相关技术

人工智能各种分布式技术、数据仓库和数据挖掘、联机分析处理等技术发展起来后,迅速与 DSS 相结合,形成了智能决策支持系统(IDSS),分布式决策支持系统(DDSS),群/组织决策支持系统(GDSS/ODSS)和智能、交互式、集成化的决策支持系统(I3DSS)等。

(一)数据仓库

数据仓库是支持管理决策过程的、面向主题的、集成的、随时间变化的、持久的数据集合。数据仓库中的数据大体分为四级:远期基本数据、近期基本数据、轻度综合数据和高度综合数据。还有一部分重要数据是元数据,即关于数据的数据,数据仓库中用来与终端用户的多维模型与前端工具间建立映射的元数据,称为决策支持系统的元数据。

(二)联机分析处理(online analytical processing,OLAP)

OLAP 是使分析人员、管理人员或执行人员能够从多种角度对从原始数据中转化出来的、能够真正为用户所理解并真实反映机构维度特性的信息,进行快速一致、交互的存取,从而获得对数据更深入了解的一类软件技术。OLAP 可以在数据仓库的基础上对数据进行分析,以辅助决策。由于决策支持用户的需求是未知的、临时的、模糊的,因此在决策中需采用多维分析的方法。

OLAP 系统还能处理与应用有关的任何逻辑分析和统计分析。基于非常大的数据量,OLAP 系统管理者和决策分析者能够快速、有效、一致、交互地访问检索各种信息的视图，同时能够高效地进行比较和分析发展趋势。

（三）数据挖掘

数据挖掘技术是建立数据仓库的难点和核心问题，是使数据仓库成为决策支持的最好工具。它是从大量数据中挖掘出隐含的、先前未知的、对决策有潜在价值的知识和规则，为决策、策划、预测等提供依据，帮助机构的决策者调整市场策略，减少风险，做出正确判断和决策。OLAP 是一种验证型的分析，是由用户驱动的，很大程度上受到用户水平的限制，而数据挖掘是数据驱动的，系统能够根据数据本身的规律性，自动地挖掘数据潜在的模式，或通过联想建立新的业务模型，找到正确的决策，是一种真正的知识发现方法。

三、应用

在水利信息化建设中，决策支持系统建设是最高层次的建设。它重点完成水利信息化中的知识发现与基于智能化工具的应用系统建设，在此基础上完成水利行政、防洪、水资源管理、水环境管理等决策支持服务系统的建设任务，全面达到水利现代化对水利信息化的要求。根据水利工作的实际情况，水利决策支持系统主要包括防汛决策支持系统、抗旱决策支持系统、水资源决策支持系统、水环境决策支持系统、水土保持决策支持系统、水利综合会商系统等。

（1）防汛决策支持系统建设是保障防汛抗洪工作有效和科学的前提条件，在实时数据采集系统建立的前提下，可以利用遥测数据、遥感图片等进行相应的暴雨预报、洪水预报、洪水调度等工作，可以提前为防汛抗洪工作做出指导性的预报、预警措施。

（2）抗旱决策支持系统有两类数据源：一类是遥感数据源，另一类是旱情监测站采集的旱情信息数据。抗旱决策支持系统在遥感图片的基础上，结合相关的计算模型进行计算，可以快速、准确地获得同一时期内大范围的土壤含水量信息，以提供第一手的辅助决策资料。同时也可以根据地面旱情固定、流动监测站采集的地下水埋深、土壤含水量、土壤温湿度等数据，作为区域遥感数据校正的参考。

（3）水资源决策支持系统在水资源数据库及地理数据库的基础上，采用相关的数学模型进行计算，评价水资源量，预测水资源量，对水资源进行优化管理和科学调度。

（4）水环境决策支持系统在水环境数据库及地理数据库的基础上，采用相关的数学模型进行计算，评价水质，预测模拟水质变化，计算水环境容量，控制规划污染物总量。水环境决策支持系统将成为环境管理和环境执法的重要依据。

(5)水土保持决策支持系统是建立在水土流失数据库和地理数据库的基础上,利用水土流失评价及治理数学模型,采用智能决策支持系统的思想建立水土流失模型库,为水土流失的评价及预测提供强大的决策支持。它不仅对土壤侵蚀评价提供科学方法,还与实时水保监测系统集成,保障水土保持治理工程的科学性,指导水保工程的规划和实施。

(6)水利综合会商系统集中展示上述各种决策支持系统提供的关于防汛、抗旱、水资源、水环境、水土保持等数据,为水利部门主管领导提供集成的会商环境,便于会商人员迅速地做出科学决策,下达会商命令。

第七节　水利信息化技术应用前景

水利信息化技术应用前景主要有以下几个方面:

(1)社会发展对信息技术的应用提出更高要求。社会的发展是一个变加速的进程,安全保障日益得到重视,在建设和谐社会和以人为本的社会理念指导下,保护生命安全和环境安全的要求被放到治水工作的首要位置。水利信息化建设对防灾减灾、环境保护、水资源管理、工程管理,进一步提高我国科学治水水平,建立人与水和谐的社会环境,发挥着十分重要的作用。加快现代信息技术的推广与应用,推进水利信息化建设是社会发展的必然需求。

(2)信息技术发展为水利信息化建设创造条件。现代信息技术的飞速发展和进步,为基于信息技术发展的水利信息化建设和完善提供了技术保障。先进成熟的信息技术成果为防汛抗旱、水资源管理、环境与生态建设等水利行业的信息监测、传输、存储、查询、检索、分析与展示提供了技术条件,使水利信息化推动水利现代化成为可能。

(3)专业模型技术改进为信息技术应用提供技术支持。水利信息化建设的主要内容之一是决策支持系统建设,而决策支持系统建设的重要依据是水情、旱情、灾情等信息的分析成果,这些分析成果主要来源于气象预测预报、洪水预测预报、洪水演进分析模型系统、洪水调度模型系统、溃坝分析、旱情分析、水资源管理、水质和环境评估等专业模型系统。近年来,有关专业模型技术得到了逐步改进和完善,并随着计算机技术的发展,为复杂的模拟分析计算提供了条件。专业模型技术的发展为决策支持系统建设的实用性提供了强有力的技术支撑,是水利信息化建设与发展的坚强后盾。

(4)经济发展为信息技术应用提供了资金保障。改革开放以来,我国经济发展迅速,国力得到了大大增强,人民生活得到了全面改善。为了人们生命安全、社会稳定、环境保护、经济可持续发展,各级政府有能力、有条件投入更多的资金进行水利信息化建设事业。2019 年 1 月,全国水利工作会议上明确提出了“水利工程补短板、水利行业强监管”的水利改革发展总基调,要求尽快补齐信息化短板,在水利信息化建设上提档升级,做好水利业务需求分析,抓好数字水利顶层规划,构建安全实用、智慧高效的水利信息大系统,以水利信息化驱动水利现代化,为新时代水利改革发展提供技术支撑。今后,信息系统建设经费投入会持续增加,现代信息技术应用会更加广泛。

第二章 水利工程综合自动化

第一节 水库综合自动化系统概述

一、水库综合自动化作用

水库综合自动化是水利信息化的重要组成部分，其含义指充分利用现代信息技术，深入开发和广泛利用水利信息资源，实现水利信息采集、传输、存储、处理和服务的网络化与智能化，全面提升水利事业各项活动的效率和效能的过程。

水库综合自动化系统由水情自动测报系统、闸门监控系统、大坝安全监测系统、视频监视系统及水库信息中心管理系统组成。其中水情自动测报系统、大坝安全监测系统、闸门监控系统及视频监视系统均为相对独立的子系统，各个子系统之间相互独立运行。

水库信息中心管理系统位于各个子系统之上并成为连接各个子系统的纽带。水库信息中心管理系统提供了各个子系统运行所需要的网络平台、主服务器等硬件平台。除此之外，水库信息中心管理系统的综合数据库系统通过与各个子系统的数据接口，可以将各个子系统的数据集中展示在使用者面前，从而将各个子系统集成到一起。

水库信息中心管理系统可通过会议设备与大屏幕显示设备，将各个子系统及综合数据库系统的数据、画面等成果灵活展示，协助水库管理人员进行防汛会商及水库调度工作。

(1)水情自动测报是为适应江河、水库、水电站、城镇等防洪调度的需要，逐步实现其现代化管理目标，采用现代化科技对水文信息进行实时采集、传输、处理及预报为一体的自动化技术，是有效解决江河流域及水库洪水预报、防洪调度及水资源综合利用的先进手段。建立水库水情自动测报系统，能够迅速、准确地掌握本流域水情及水库上游来水情况，及时准确地做出洪水预报，保证水库的科学合理调度，为水库下游防洪服务，为水库本身和下游广大城镇人民生命和财产的安全提供保障。

（2）水库建设的一个很重要的作用是保证工矿和生活用水，为保证水质符合环境要求，必须建立水质监测站。

（3）建立功能齐全、稳定可靠、使用方便的工程安全监测自动化系统，不但能够快速完成工程安全监测数据采集工作，做到观测数据快速整编及时分析，及时反馈，也可降低现场工作人员的工作强度，达到少人值守或无人值班。

工程安全监测自动化网络系统建成后，可以及时提供枢纽工况，避免坝体失事对下游人民的生命财产安全造成损失；在高水位时期能够及时向防汛部门及有关部门提供枢纽运行数据及分析结果，防汛指挥部根据枢纽工况，减少闸门溢流量，进而减少下游农田淹没损失。

（4）闸门远程控制系统是实现水利工程自动化必不可少的组成部分，是计算机技术、系统控制技术、网络通信技术充分结合的产物。该系统能自动采集系统内各项参数并进行计算，同时实时观察闸门运行状况，按照水利工程调度运行方案，实时做出调度方案，并监控闸门执行，实现水闸调度与监控自动化。

（5）视频监控系统将被监控现场的实时图像和数据信息准确、清晰、快速地传送到监控中心，监控中心能够实时、直接地了解和掌握各被监控现场的实际情况，做出相应的反应和处理。

高性能的视频监控网络可以使各监控点成为一个集通信网络、图像处理、自动控制于一体的智能化管理系统。它除具有传统的监视功能外，还可以通过计算机网络使位于不同地点的监视者利用单一的通信线路实现对各种监控设备、各类监控点的使用和控制，并且成功地将有线电视闭路监控同计算机网络有机结合在一起，实现远程监控。

可通过等离子电视、LED显示屏、微距显示屏等清楚地全天候监视水库关键区域现场动态，及时发现设备工作异常情况、异常人员活动及可疑物体。

使用计算机在局域网内任意位置通过网络观看各个监控点的实时图像，可随时、随地掌握水库现场动态；可通过互联网远程观看实时图像。

利用计算机的大容量硬盘存储监控录像，并可随时将重要图像以计算机电子文件形式转存到其他计算机硬盘上或以光盘等外部存储介质进行长期保存，以备事后追查使用。

（6）水库管理信息中心建设主要包括信息中心网络建设、数据库系统建设、信息服务系统建设、防汛会商系统建设及大屏幕显示系统建设。

水库信息管理中心系统需考虑与闸门自动监控系统、大坝安全监测系统、视频监控系统、水情自动测报系统等子系统的接口，还应充分考虑与上级水行政主管部门的接口。信息管理中心网络系统为数据库系统、闸门自动化监控系统、视频监控系统、大坝自动化监测系统及水情测报系统提供网络支撑,在水库管理部门办公楼建立局域网。

综合数据库系统是信息管理系统的信息支撑层,存储和管理各应用子系统所需的公共数据,为应用子系统提供支持服务。同时各应用子系统间数据交换的主要方式之一也主要是通过综合数据库进行。综合数据库划分为以下几个数据库:实时水雨情库、工情信息库、图形库、动态影像库、超文本库。

建设大屏幕显示系统,建设会议会商系统,实现对监控视频信号的集中管理、存储和综合利用,能够接入视频信号,并实现集中控制切换至显示系统。

二、水库综合自动化的目的

水利信息化是水利现代化的基础和重要标志,同样,也可以说水库综合自动化是水库现代化的基础和重要标志。

水库是十分重要的水利工程,水库综合自动化是水利信息化的重要组成部分。水库综合自动化是一个跨学科、跨专业的新型研究课题,主要涉及水利、信息、控制、计算机及自动化专业领域的基础知识和应用。实现目标是利用先进实用的计算机网络技术、水情自动测报技术、自动化监控监测技术、视频监视技术、大坝安全监测技术,实现对水库工程的实时监控、监视和监测、管理,基本达到"无人值班、少人值守"的管理水平。水库综合自动化系统通常划分为水情自动测报系统、闸门监控系统、视频监视系统、大坝安全监测系统、发电运行监控系统等子系统。以水库管理服务中心为中心的若干子系统组成局域网系统,各子系统既能相互独立运行,又能相互通信,交换信息联合运行。

水库作为水利系统的重要基础工程,其信息化建设也是水利信息化的重要基础,随着计算机与信息技术的快速发展,采用新技术、新设备对整个水库进行现代化改造和信息化建设提升,可以进一步挖掘水库的潜力,加强水库管理运行的科学性,水库信息化的目的表现在以下几个方面:

(1)水库信息化建设是提高水旱灾害防御能力、提高水库工程安全和运行管理水平的需要。水库信息化的实施,将大大提高水库在工情、流域水雨情、旱情和灾情信息采集方面的准确性及传输的时效性,对其发展趋势做出及时准确的预测、预报和预警,及时制订正确的水库调度方案,通过科学调度可使水库多蓄水、多供水,从而提高水库防汛抗旱的能力。通过信息化建设,可提高水库工程管理的信息化水平,实现工程观测控制、供水计量和水质监测的自动化,提高水库运行管理的效率,为水库管理部门的管理和决策提供科学依据，充分发挥水库工程设施的效能。

（2）水库信息化建设是实现水库工作历史性转变的需要。在新的历史时期，水利工作要从过去重点对水资源的开发、利用和治理，转变为在水资源开发、利用和治理的同时，更为注重对水资源的配置、节约和保护。要从过去重视水利工程建设，转变为在重视水利工程建设的同时，更为注重非水利工程措施的建设。水库作为一种重要的水利工程，在这历史性的转变过程中起着重要的作用，即从水库防洪到水库洪水管理的转变中，信息化是一个必不可少的技术手段。

（3）水库信息化建设是实现上述转变的重要技术基础和前提。

（4）水库信息化建设是实现资源共享，提高水库管理效能的需要。

过去的水库信息化工程，都是单独建设，很少能从全局的角度出发实现信息共享，造成各项目之间的信息相互隔绝。今后信息化系统建成后，要通过网络和综合数据库消除信息孤岛，减少数据冗余，提高信息的可靠性和利用效率。信息的共享和快速传递不仅为上级部门正确决策提供了保证，而且提高了水库管理的工作效率。

第二节　水库水质、闸门远程及视频监视系统

一、水库水质监测系统的开发

（一）系统的构成

水库水质监测系统由中心站和地表水现场监测站组成。现场监测站采用一体化多参数水质监测探头建站，监测最常用的水质参数。一体化多参数水质监测是指将多种传感器集成到一起，并配置自动搅拌和清洗装置，遥测设备可对各传感器进行精确的率定，采集数据准确，将采集到的数据以特定的格式从自备的 RS232 标准接口输出。

（二）水质现场遥测站

水质现场遥测站用来自动采集水质监测站的水质参数，并将数据及时传送到中心站。一体化地表水水质监测站监测的参数主要有水温、pH 值、溶解氧、电导率、浑浊度等参数。

常规五参数的测量原理如下：水温为温度传感器法，pH 值为玻璃或锑电极法，溶解氧（DO）为金-银膜电极法，电导率为电极法（交流阻抗法），浑浊度为光学法（透射原理或红外散射原理）。

一体化遥测站数据采集过程是:一体化探头定时采集各水质参数,以特定的编码从RS232接口发送到数据采集及通信控制器。数据采集及通信控制器收到数据后,进行格式归一化处理,再按统一的协议向中心站传送该数据。一般情况下现场水质监测站与中心站通信的方式有电话、卫星、GSM短消息三种,可根据需要选用。但考虑到水质监测站的地点和功能的特殊性,经过技术和经济比较,一般采用GSM手机通信方式完全可以实现,并节约投资。水质监测中心站与水情测报系统中心站并用。

一体化探头是低功耗便携式设备,它可以用内置电池工作。由于系统工作方式为在线监测方式,一体化探头内置电池无法支持运行足够长的时间而必须频繁更换电池,维护工作量较大。因此,在一体化探头遥测站,由数据采集与通信控制器给一体化探头供电。

为了保证在交流电源断电时,中心站仍可以了解到现场情况,数据采集与通信控制器配备了一定容量的蓄电池。在通常情况下,该蓄电池可保证在交流电断电情况下数据采集与通信控制器和一体化探头持续工作96 h左右。

监测遥测站由一体化地表水水质监测站、遥测终端、GSM终端、太阳能板、免维护蓄电池等组成。

(三)中心站

水质监测中心站可与水情测报系统中心站共享,需编制接收处理软件。

监控中心是系统的实时显示部分,包括监测参数实时曲线、监测参数报警信息和监测设备状态信息。

水质监测站完成对地表水的实时监测,并以数值和棒形图的形式将监测到的水质数据显示在监控中心的监视屏上,对照地表水水环境质量标准,当某项水质监测指标超标时,相应的项将显示红色闪烁的报警信号。系统应用软件实时分析出测站当前的水质类型。用户在此可向测站下发读MEM、读状态、读AI、读DI和读IC卡等用户指令。

监测参数实时分析部分以曲线的形式描述了24~72 h内某测站内某个参数的变化过程,以及该时段内参数的最大值、最小值和平均值等。监测参数报警信息部分以列表的形式描述了监测站的参数报警信息。监测设备状态信息部分提供水质分析仪器的当前状态和水质数据采集器的当前状态,并以列表的形式描述了水质分析仪器的故障信息和水质数据采集器的故障信息。

统计分析实现对某时间段内监控中心监测到的测站水质数据的查询,形成监测数据年、月、日报表和趋势曲线。

在数据查询部分中用户可以获得任意时间段内测站的监测数据。统计报表部分根据报表类型分别求出测站每个监测参数值的时平均值(日报表)、日平均值(月报表)和月平均值(年报表)。趋势曲线部分提供测站每个监测参数的日过程线、月过程线和年过程线。

二、水库闸门远程监控系统的开发

(一)系统开发的内容

本系统建设包括监控软件的开发、监控以太网的组建、现地监控单元(LCU)及其与上位机通信的设计、水位计和闸位计的选择及安装。一般来讲,放水闸闸门需监控的多少随需要而定,这里以三孔放水闸闸门需监控为开发研究对象。

(二)闸门远程监控系统开发

可靠性是闸门远程控制系统最重要的性能指标,而可靠性又是由系统的各个环节共同构成与保证的,为保证系统的高可靠性,除了选用高可靠性的硬件设备外,还应采取以下措施:

(1)采取分层分布式系统结构。各现地监控单元功能独立,任务独立,在正常工作状态下处于系统的集中监控下运行,但在紧急情况或系统故障时,它又可独立运行,个别的现地监控单元故障不会对系统或其他单元产生影响。

(2)系统软件选用国际先进并应用成熟的监控软件包为开发应用软件,确保系统软件的高可靠性和安全性。

(3)系统硬件均选用工业级产品或国际最新技术产品,确保高可靠性。

(4)系统软件及硬件具有监控定时器(看门狗)的功能。

(5)对操作指令的发布规定操作权限,命令传送须经过巡回与认证,数据采集要求经过合理性判别和处理,以防误操作。

(6)因系统在强电环境下运行,对系统的输入信号均采用光隔技术,现地监控单元采用浮空地技术;输出信号采用光隔加中间继电器隔离等保护措施,以防工业干扰和雷电的影响,减少数据出错和元器件的损坏。各现地监控单元与上位机的通信媒介为光缆,从而保证传输速率和防止雷电干扰。

(7)现地监控单元内设置设备运行故障判别程序,在设备故障时进行预警、闭锁保护,确保设备不受损坏。

(三)现地监控层

现地监控层负责把现场的水位、闸位、电压、电流等参数和闸门的状态通过通信系统传给集中控制层;同时,接收集中控制层的控制信号并加以执行。

现地监控层由多个现地控制单元(LCU)、水位计及闸位计组成。

1. 现地控制单元(LCU)

现地控制单元(LCU)是闸控系统中最主要的自动化控制设备,因此要求现地控制柜任务独立、功能独立,在集控层系统故障时,仍能独立自动完成各项控制任务。各控制柜上配置闸门操作按钮及闸门状态指示器,供操作员实施闸门控制并观察闸门的运行状态。

LCU 应具备以下功能:

(1)自动采集闸门的开度、水位及设备运行状态。

(2)设有操作按钮,供操作员实施闸门控制。

(3)向上位机(闸控工作站)发送实时信息。

(4)接收上位机操作指令,自动完成操作任务。

(5)接收限位、过热等保护信息,构成硬件、软件互锁,提供设备安全保护。

(6)具有故障及越限报警功能,当发生故障或某一参数超过规定值时,系统发出声光报警,以提醒操作员注意。

LCU 上设有操作方式选择开关,可以选择现场和上位操作,以两种方式进行互锁。现场操作时,操作员现场根据经验手动设置开度操作闸门的启闭。

为了增加系统的可靠性,在可编程控制器(programmable logic controller, PLC)发生故障时,现场操作仍起作用,现场和上位操作要完全分开,即现场操作不经过 PLC。

2. 水位计及闸位计

目前在水利信息化建设中所使用的水位传感器主要有浮子式水位传感器、压力式水位传感器、超声波式水位传感器、感应式液位传感器等。各种传感器的使用范围、性能指标等都有一定差别。

考虑到水库一般冬季要结冰,而水位传感器长期处于野外工作的特殊性,水位传感器建议选择压力式水位传感器,闸位传感器选用数字式闸门开度仪。

3. 控制逻辑

现场手动控制与上位控制是完全分开的,现场手动控制逻辑比较简单,这里仅对上位控制逻辑进行说明。当选择上位控制方式时,现场手动控制不再起作用。

(1)供水控制。上位机把每天供水量对应的各孔闸门的开度(这一步由上位机通过软件系统实现)分别传递给对应 LCU 中的 PLC,PLC 把设定闸门开度与实际闸门开度进行比较,根据比较结果去控制闸门启闭,从而实现闭环控制。

(2)泄洪控制。系统可以自动监测水库水位,当水库水位高于汛限水位时,能自动控制闸门泄洪。

当水库水位高于汛限水位时,或者根据水库调度系统的需求,系统发出报警信号提醒操作人员,上位机此时会向 PLC 发送信息,表示入库水量与水库最大泄流量的大小关系。在入库水量小于水库最大泄流量的情况下,控制闸门使入库水量与出库水量相等,保证水库水位不超过汛限水位;若入库水量不小于水库最大泄流量,则要把泄洪闸全部打开进行敞泄,或者调度系统发出泄水的指令后,由自动化系统实现指令要求。

4. 通信

系统中心站与闸门监控站之间相距不远时,宜采用有线通信方式(通常距离小于 1 km)。针对水库现场情况,建议利用水库办公楼机房到闸室的光纤以太网进行通信。

5. 集中监控层

集中监控层通过通信系统读取现场数据并下达操作命令,对采集到的数据进行处理,以报表文件的形式把需要的数据保存下来。另外,集中控制层还留有接口,便于管理层调取数据。

(1)集中监控层的组成。集中控制层由 I/O 站、历史数据服务器、Web 服务器及工作站组成。这些功能可以集中在一台工控机上,也可以由多台计算机分担。若由多台计算机分担不同的功能,则这些计算机需要由分布式以太网连接起来。水库综合自动化闸门控制系统中,集中监控层一般由多台计算机组成,包括闸房操作站、中心控制站及数据服务器兼 Web 服务器。

在泄洪闸室内设有一台计算机集中监控溢洪闸,同时它也作为 I/O 服务器为其他工作站提供数据。

(2)监控软件设计。监控软件是集中监控层的核心部分,它不仅提供良好的人机界面,把现场数据简洁地显示出来,而且当没有操作接口供操作人员实施闸门操作时,还提供各种与外部连接的接口。

建立本地历史数据库把需要的数据(水位、闸位、流量、库容等)保存下来,同时提供比较便捷的查询接口,用户只要输入要查询的内容、时间,系统就会以数值和趋势图两种方式输出数据。

提供报警和记录功能。当某一数值超出设定的范围或设备发生故障时,现场和上位皆发出报警,上位机弹出报警框,提醒操作人员。同时,报警的时间、内容和报警时的操作员将被记录下来。

为了便于管理,采用“一人一码”的管理方式。即每人一个密码且权限不同,只有以自己的名字和密码登录后才能进入系统。设有系统管理员级、设备检修及维护员级、值班操作员级等级别。登录后操作员进行的一切操作均被记录在系统中。

(四)远程遥控设计

采用B/S方式用户可以随时随地通过Internet/Intranet实现远程监控,而远程客户端可通过IE浏览器获得与软件系统相同的监控画面。水库局域网内部如办公室的电脑通过浏览器实时浏览画面,监控各种数据,与水库局域网相连的任何一台计算机均可实现相同的功能。

(五)水库调度与闸门自控的实现

闸门远程监控系统是一个以计算机为中心的信息决策处理系统,可实时接收系统内水情信息、闸门运行工况及与闸门监控有关的其他信息。同时,根据这些实时信息和调度方案做出系统闸门实时调度运行的命令,通过数据通信向各闸门监控终端站发布调度命令并实时监控各闸门的运行情况,对突发异常情况立即发出故障处理命令,以保证系统的安全可靠和正常运行。

闸门远程监控系统根据各水闸所承担的任务及规定的调度原则,结合系统内各项实时运行的数据,实时、合理、优化监控闸门的开启和关闭,以调节水位和过闸流量。

1. 水闸控制与调度原则

水闸控制与调度应遵守以下原则:

(1)以大坝安全监测系统提供的数据为基础,在保证水工程安全的前提下,尽可能地综合利用水资源,充分发挥水闸的综合效益。

(2)应与上下游(闸前后)河道堤防的排、蓄水能力和防洪能力相适应。

(3)按照规定的水利任务的主次、轻重,合理分配水量。

(4)必须遵守闸门启闭操作规程,均匀、对称地启闭闸门,以满足水闸工程结构的安全防护要求,延长使用寿命。

2. 一般闸控中心对水库闸门的控制方式

一般闸控中心中水库闸门的控制有以下几种方式:

(1)定流量控制。给定过闸流量,在上下游水位变化、过闸流量发生一定量的变化时,系统自动根据事先给出的方案进行闸门开度的调整,以保证过闸流量基本不变。

(2)定水位控制。给定上游或下游水位值,在水位发生一定量的变化时,系统自动根据事先给定的方案进行闸门开度的调整,以保证被控水位基本不变。

(3)群控。当水库闸门有多处时,为保证水库水位或每条供水渠的水情,闸控系统可根据调度方案进行自动群控调度。

水库担负着供水、防洪等功能。当水库水位超过汛限水位时水库开闸泄洪,系统自动判断入库流量与水库最大泄洪流量的大小关系,若入库流量小于水库最大泄洪流量,则控制泄流量与入库流量相等,维持汛限水位不变,否则系统控制闸门开到全开位置进行敞泄。大多数情况下,水库闸门远程监控系统采用定流量控制和群控相结合的控制方式。

(六)主要产品明细及技术指标

闸门远程监控系统主要产品明细及技术指标的要求详见相关的闸门远程监控系统设计报告,此处不再赘述。需要说明的是,Web 服务器、打印机和网络交换机等设备与中心管理系统共用,以达到优化设计和最大限度地节约投资的目的。

三、水库视频监控系统

(一)系统概述

水库视频监控系统主要用于对水库的水文情况、水库大坝、周边环境、进出水口、水电站及重要公共设备进行全天候 24 h 监控。建立水库视频监控系统可实现对水库周边环境安全的实时监控,及时发现事故隐患,预防破坏,减少事故,最大限度地保护国有资产及人民群众的生命财产安全。

(二)设计原则

水库视频监控系统是一个既完整又独立的系统。该系统在开发时根据“严密、合理、可靠、经济、完善”的设计理念,努力做到安全、周密,并兼顾其他。为达到最佳效果和最优性能价格比,系统开发时遵循以下原则。

1. 技术先进性和可靠性

系统设计严密、布局合理,能与新技术、新产品接轨,采用当前先进的、具有很高可靠性的技术。

2. 成熟性和稳定性

系统规模较大、构成复杂,为保证系统的实用性,在考虑系统技术先进性的同时,从系统结构、技术措施、设备性能、系统管理及维修能力等方面着手,选用成熟的、模块化结构的产品,使单点故障不会影响到整体。确保系统运行的稳定性,达到最大的平均无故障时间。

3. 经济性和完整性

系统设备齐全、功能完善,并实施综合管理。系统建设始终贯彻面向应用、注重实效的方针，坚持以需求为核心，注重良好的产品性价比；同时，为保证系统在实际工作中更好地发挥作用，从整体上考虑系统技术手段的选择和前端设备的分布，确保系统能够有效控制各个流程及安全防范工作的各个关键环节。

4. 开放性和标准性

为满足系统所选用的技术与设备的协同运行能力，系统采用标准化设备，并在开发上注重层次的切割与封装，允许其他应用的接入、调用及不同厂商标准化设备的兼容，从而使系统具有开放性。

5. 可扩展性和易维护性

系统具有扩展功能，并留有余量，且操作者无论对系统进行设置还是保障系统日常运行，均可通过对键盘进行简单操作即可实现。

（三）系统构成

水库视频监控系统主要包括现场图像采集部分、视频解码输出部分、视频记录部分、显示及集中控制部分等。现场图像采集部分由摄像机及辅助设备组成；视频解码输出及视频记录部分包括视频解码器、硬盘录像机等。该系统详细介绍如下：

（1）前端采集系统：前端采集系统是安装在现场的设备，包括摄像机、镜头、防护罩、支架、电动云台及云台解码器。其任务是对被摄对象进行摄像，把摄得的光信号转换成电信号。

（2）传输系统：由视频线缆、控制数据电缆、线路驱动设备等组成。其作用是把现场摄像机发出的电信号传送到控制室的主控设备上。在前端与主控系统距离较远的情况下需使用信号放大设备、光缆及光传输设备等。

（3）主控系统：主要由硬盘录像机（视频控制主机）、视频控制与服务软件包组成。其作用是把现场传来的电信号转换成图像并在监视器或计算机终端设备上显示，并且把图像保存在计算机的硬盘上；同时可以对前端系统的设备进行远程控制。

（4）网络客户端系统：计算机可以在安装特定的软件后通过局域网和广域网访问视频监控主机，进行实时图像的浏览、录像、云台控制及录像回放等操作；同时可不使用专门的客户端软件而使用浏览器连接主机进行图像的浏览、云台控制等操作。这种通过网络连接到监控主机的计算机及其软件组成了网络客户端系统。

（四）系统的主要功能

水库视频监控系统的功能主要是完成监控中心对各个监控点的图像回传

后的显示与记录,并可实现视频记录回放及集中控制等。在中心服务器房设置数字硬盘录像机,可将回传的图像进行数字化的硬盘录像,并可控制前端的摄像设备及周边设备。

1. 系统的基本功能

(1)系统能自动地通过摄像机进行跟踪,进行实时监视。系统平时的工作方式为各摄像机循环扫描全面监控,监控人员可以任意放大观看任何一台摄像机的画面。系统可以按时间划分不同的工作模式,设置不同的参数,如每天不同的时段、星期几、每月的几日到几日。系统也可以实现无人值班。

(2)通过调整摄像机,可以清楚地看到现场情况,分辨出进出情况及移动物体。

(3)录入的图像经数字化压缩存储在计算机硬盘里,压缩比可用软件进行调整。存储的图像文件自动循环删除,硬盘中图像文件保留的时间取决于硬盘空间大小、图像分辨率、图像压缩比、扫描切换时间等,系统可以日复一日、年复一年地无休止工作。还可以根据用户需要,加大硬盘以扩展存储周期,或增加其他外存设备。

(4)系统可以随时、方便、即时地检索、回放记录存储的图像,如可按时间、地点(镜头)或图像文件进行检索和回放。回放图像稳定、清晰,且可反复读写,不存在传统监控系统所存在的录像带信号衰减和磨损问题。

(5)系统利用计算机强大的图像处理功能,可对采集的图像进行处理,包括画面修改、编辑、调节、放大、缩小及打印等;也可以用其他专业图像处理软件将图像保存为通用数据文件格式。

(6)全数字智能监控系统设有安全密码,没有权限的人员不能对监控系统进行查询、设置、删除文件等操作。系统一旦遇到意外断电时,可以自动恢复工作。

(7)系统预留有报警接口,将来可以连接主动探测器或被动式紧急按钮,增加对突发事件的报警录像功能。

(8)系统独有运动目标检测技术,可以在画面上直接用软件进行设防。

(9)系统可以与其他计算机联网。

(10)开机后,系统可直接进入监控状态。

(11)计算机可以同时存储并显示来自多个摄像机所捕获的全部动态画面。

(12)计算机硬盘存储图像。系统将摄像机记录的图像全自动数字压缩储存在计算机硬盘上,借助无终止缓冲技术使计算机硬盘自动循环记录,月复一月,年复一年,无休止地自动保留存储图像。

(13)该系统克服传统系统的不足,具有良好的人机界面,使操作更加简单易学,更加直观,日常维护更加容易。系统设置简单直观,可以根据时间、日期及报警输入等具体要求,对每台摄像机的记录情况进行设定。由于采用计算机控制,只要事先设置好,就可以实现全自动化管理,程序化运行,从根本上实现无人值守。

2. 系统安全管理

系统具有配置管理功能,当操作人员变更或增加、删除系统中被监控的对象及调整报警系统参数时,用户均可通过应用界面改变系统配置文件来完成系统配置。

系统具有完善的操作管理功能。一是加大网络安全硬件资源建设,购置防火墙、入侵防御等安全设备。二是落实国家信息系统等级保护规定,对信息系统开展安全测评。三是加强监测预警管理,实现网络数据实时采集分析和安全预警。为保证系统安全,使用某些功能时必须输入密码,经系统确认后方可进入系统,进行操作。操作密码设有不同等级,以限制不同人员的操作范围。同时,所有设备都应有操作记录,包括操作人、被操作设备、操作日期、操作时长等,以备系统对操作记录进行查询、统计、分析。

系统可根据用户需要,生成各种形式的统计资料、交接班日志。

3. 系统可扩展功能

系统具有强大的图像远程传输、远程分控功能,可通过局域网实现图像的远程传输及云台、镜头控制,并能实现分级分控等功能。因此,从未来发展考虑,在配置网络传输控制设备后,可实现几个水利系统视频监控的综合联网,将水库的视频监控信号集中到上级部门,对全部监视点的图像进行显示和控制。

(五)前端系统设计

1. 前端系统组成

前端系统主要由摄像机、镜头、防护罩、电动云台与支架、云台解码器组成。摄像机与镜头安装在室外防护罩内,为保证摄像机与镜头在室外各种环境下均能够正常工作,防护罩需具有通风、加热、除霜、雨刷功能,云台为摄像机和防护单提供安装底座,同时云台可进行水平 360°电动旋转与垂直 90°俯仰动作,以完成全方位覆盖;解码器一方面给摄像机、镜头、云台提供各自所需要的供电电源,另一方面完成与监控主机的通信,将监控主机发送的控制数据转换为云台能够识别的控制信号,驱动云台进行操作。

2. 监视点分布

由于水库面积较大,大部分区域为水面,即使仅覆盖全部岸边区域也需设置大量监视点才能达到全部覆盖。若要对水面进行覆盖,很多监视点需要使用焦距范围很大的特种镜头,设备投资巨大,因此水库视频监控系统只需对水库管理范围内的关键点进行覆盖即可。

水库视频监控的关键点主要包括坝区与库区关键点。其中坝区尽量全部覆盖,库区根据水库库区规划选择关键点。监控点一般要满足以下区域要求进行布设:

(1)溢洪道闸房:监视溢洪道闸房内部。

(2)取水洞闸房:监视取水洞闸房内部。

(3)溢洪道下游:监视大坝下游区域动态。

(4)办公楼:监视点位于办公楼楼顶,监视中心周边动态。

(5)坝顶:监视点位于溢洪道管理房顶,监视大坝坝顶、大坝中段周边动态。

(6)大坝左(右)侧:监视大坝左(右)侧及周边动态。

(7)大坝上(下)游:监视大坝上游左侧及大坝上游右侧及周边动态。

以上监视点基本涵盖了水库的各个关键区域。

3. 前端设备设计

在水库视频监视系统中,摄像机基本上是在室外安装,各监视点的监视目标主要是人员的活动及监视是否有异常物体出现,监视点的监视区域不是固定的一点,而是覆盖一定范围的一个圆形或扇形区域。基于以上因素,前端设备基本类型可以确定为:

(1)摄像机与镜头:摄像机需具备良好的清晰度,采用电动变焦镜头、自动光圈,具备低照度拍摄功能。

(2)防护罩:室外护罩,需具备寒冷气候下可正常工作的能力,尺寸根据摄像机与镜头尺寸确定。

(3)电动云台:水平360°旋转,垂直90°俯仰,与防护罩类型和尺寸配套。

(4)云台解码器:220 V交流供电。

四、开发研究工作总结

（一）系统运行的结论

水库水质监测系统、闸门远程监控系统及视频监控系统的实施，顺应时代潮流发展，一步到位，把工程管理水平提高到自动化管理水平。这不仅能提高管理人员的工作水平，减轻其劳动强度，改善其工作环境，更重要的是能使管理人员进行科学决策和合理调度，确保工程安全和水资源的充分利用，使工程达到安全、经济、高效运行的目的。从系统目前的运行情况看，可以得出以下结论：

（1）硬件选型对整个系统的安全和正常运行至关重要，选用基于 5G 和 IPv6 技术的高速、移动、安全的新一代信息骨干网络建设的高速硬件设备。

（2）系统所选用的传感器突破了传统模式，从测量、变换到传输，实现全过程数字化，可以更好地保证测量数据的准确性和真实性，同时传感器安装使用方便。

（3）PLC 的 I/O 配置灵活、扩充方便、编程简单、可靠性高，网络组态有多种模式，满足水利信息化建设的需要和水工程监测系统高新技术开发利用的要求。

（4）利用组态王进行应用程序设计，设计周期短，图形界面丰富，实时多任务，接口开放，使用灵活，功能多样，运行可靠，简单易学。

（5）接地设备和避雷装置设计可靠，选用合理，安装规范，同时系统电源采用冗余备份方式供电，有利于提高系统运行的可靠性和安全性。

（二）建议和措施

（1）在信道线缆的敷设过程中，应当做出明显的路由标志，注意沟道的设计应有统一的尺寸，应当用砖块或混凝土衬砌使沟成型，并留有一定的裕量以保证日后的线缆敷设，同时每隔一定的距离（一般 6 m 左右）留一活口以便于日后对线缆进行维护。线缆都有一定的使用寿命，由于塑胶的老化和衰减会导致绝缘破坏、屏蔽层老化等问题而使得噪声串入通道增加了采集信号的误码率和错误，线缆也可能从中间断掉而无法传送信号，故需定期对线缆进行维护。

这样做虽然会增加开始的投资，但可以减少以后的运行维护费用，同时可以减少以后的维护工作量。

（2）整个系统虽然通过光纤链路连成了一个小局域网可以满足水库管理的需要，但是随着水利信息化的发展，全国水工程调度系统的建设，以及各省、市、县等水利信息技术的发展，要求水库综合自动化系统具有水利信息公开化，数据实时性等特点，以满足上级指挥系统对下级的决策支持，实现省市县级网络互联互通、视频会议全覆盖、水利数据全面共享。

(3)加强水库综合自动化系统的维护和对现场操作技术人员的技术培训至关重要，必须引起足够的重视。

(4)需要说明的是，由于系统很大一部分设备在户外运行，因此对系统设备的安全性和可靠性要求较高，特别是监控系统的可靠性，必须引起足够的重视。从工程经济的角度来看，水库的综合效益主要体现在降低成本和提高效益上，因此投入大量的资金开发研究计算机综合管理系统的效益问题成为人们较为关心的课题。

总之，系统投入运行，整体运行良好，设计合理，硬件选型合理、可靠，软件开发人机界面友好，功能到位，使用方便，一定程度上满足了水库综合自动化系统开发和建设的要求。随着系统采集数据的增多，适时调整应用软件的数学模型，进行软件的升级改造，更新安全监测设备，提升水库安全监测水平，开展数字孪生建设，使自动化系统的水力调度更加科学、合理是必要的。

第三节 水闸(闸群)自动监控

一、概述

(一)水闸(闸群)自动监控进展

我国所建的水工建筑物中，水闸占有很大的比例。这些水闸在防洪、抢险、排涝、抗旱及水资源的分配中起着重要的作用。但是长期以来水闸的运行管理一直依靠人工管理，费时费力，严重制约着其效益的发挥。随着国民经济的发展，科学技术的进步，对水闸实行自动控制(或对闸群实现集中监控)是水利工程管理科学化的必然。

闸门自动监控系统是先进的实时数据采集与控制系统。系统建立在现代通信技术、自动控制技术、计算机技术、自动远动设备及现代量测技术基础之上，同时涉及信息论、继电线路理论和自动调节理论等来共同完成对目标系统的监测与控制，实现由中心控制站对被控子站闸门的运行管理，主要用于灌区、水库、水电厂、河道、供水渠等的闸门控制。被控制的闸门可以是平板门、弧形门或快速门，运动方式可以是卷扬机方式、液压方式或螺杆方式。一些工业发达国家尤其是美国，很早就研制了水库和电站的大、中型闸门组的自动监测和控制系统,实现库水位、泵站、电站和引排水枢纽的计算机控制。我国于20世纪80年代初开始此方面课题的探索研究,全国各地均有试点,在引进并消化吸收多种RTU等运行设备的同时,研制了一批适合中国国情的、自动化程度不一的闸门自动监控系统,其中相当一部分系统取得了成功并进行了推广。

虽然实现水闸运行的自动化,闸群远方集中控制是一项投入大、要求高、技术复杂的系统工程,实施起来有许多困难,但由于它在防洪、抗旱、水量调配中的巨大作用,已引起了各级有关领导及相关专家学者的广泛关注。同时,我国已有研制和系统组建及运行经历,并取得了大量的经验和教训,随着科学技术的迅速发展,水闸自动监控系统已得到成功推广应用。

(二)水闸(闸群)自动监控的特点

(1)水闸一般建在野外,暴露在空气中,水闸实现自动化控制多需要采用远动技术,尤其是在水资源分配系统中,需要对多座闸门联合调度,当采用自动化技术时,应采用中央集中监控系统。该系统称远距离综合自动化系统,通常我们称之为闸群远方监控系统。

(2)水闸自动化设备工作条件十分恶劣,很多设备装置常需要安装在野外,运行的气象条件复杂、环境差。此外有些设备所在地点交流电源供电不稳定,这样在研制和选择设备时必须特别注意在设备的稳定性、可靠性上下功夫,使设备在恶劣的条件下能够安全运行,同时要考虑到设备有较灵活的供电方式,如耗电量少的弱电设备可以采用太阳能电池板充电的蓄电池组。

(3)由于河、渠中的水流往往是非恒定流,而水流又具有时滞性,这两点会严重地影响水闸自动化装置的稳定性,对此要有充分的估计。例如,利用水闸来控制渠道中水位为一恒定值时,可能此刻因下游水位低而自动装置指令执行机构使闸门开度加大,刚开大后,下游水位又超过给定值,于是自动装置又指令执行机构关小闸门,再过一刻水位又低于给定值,于是闸门开度又需加大,如此反复,系统就呈现一个振动的、不稳定的状态。这对自动化系统是极为不利的,设计时一定要避免此种情况的发生。

(4)水闸自动控制系统对可靠性和稳定性要求高,且其抗干扰能力要强,而对动作时间的要求相对工业控制系统要宽。在系统结构上,一般是控制点与被控制点之间的联系,而各被控制点之间相互联系较少。

(三)闸群自动监控系统结构

闸群自动监控系统一般分为两个层次:第一层为中央控制室,常设在水利工程管理机构所在地;第二层为测控站,设在被控闸门所在地或附近。对于大型水利工程系统，其闸群自动监控系统一般分为三个层次，如江苏省大运河监测调度系统，控制中心设在江苏省水利厅内，而控制分中心则设在闸群相对集中的管理单位内，如江都、淮阴等。分中心下辖有数座乃至数十座大中型水闸，各闸的运行调度由分中心负责，并向控制中心报告和接收有关指令等信息。

1. 中央控制室组成结构

中央控制室也称测控调度中心，一般为了与行政管理机构相适应而设在管理单位内，其组成结构和水情测报中心大体相同。事实上，在水利工程管理现代化过程中，若建设多个自动化系统，则往往共用一个中央控制室，使得资源共享。各有关设备也可互相利用，互为备用。

2. 监控终端站

监控终端站是闸群监控系统的主要信息源及命令执行者，其主要任务是根据中央控制室的预测查询指令自动采集本站点的水情或工情数据，并发送给控制中心，或根据控制中心调度指令控制闸门运行。监控终端站一般由各类传感器、通信设备、RTU、中间继电器矩阵、电源等构成。

其中传感器部分应根据实际情况设置，如一座水闸有若干个(孔)闸门，原则上每个闸门上都需安装闸门传感器。上、下游均应有水位计。有关工情的传感器可检测如电源电压、工作电流，闸门运行在开、关、停的状态，以及限位开关(防止控制系统失灵而引起破坏性后果)的工作状况等信息。

水闸一般地处郊野，电源保障率不高，有条件的地方特别是大型水利工程应自备发电机。同时应有直流备用电源，以保证停电时仍能保持弱电部分工作，保证检测数据不丢失并与中央控制室保持联系。

二、闸门自动监控系统总体设计

(一)系统总体设计的一般原则

闸门自动监控系统要求信息收集及时，闸门调度稳定可靠，闸控保护与配电保护设施完善。根据以上特点，结合设计运行的要求，自动化系统的设计应遵循以下设计原则：

(1)在具备基本功能的前提下，将设备的实用性和可靠性放在首位，并强调安全检测措施与安全控制措施，避免设备失误和设备故障运行。

(2)针对存在于闸门和配电室周围的各种不利于系统的诸多电磁干扰源，特别是雷电和强电干扰，系统应具有抗恶劣环境的工作能力。

(3)采用参数应答式工作体制。

(4)力求操作简单,维护方便。

(5)对于闸群控制组网结构要简明、灵活,便于扩充。

(6)闸群自动监控系统应与水情自动测报系统相配合,其水情自动测报应按《水文自动测报系统技术规范》(SL 61—2015)执行,并符合用户的实际需要。

(二)系统工作体制的选择

早期的闸门自动控制系统多采用集中控制方式,即由中央控制室统一直接监测与调度控制。这种工作体制由于功能过于集中、命令信息传输量大等而导致系统运行可靠性降低,已逐步被淘汰。

闸门自动控制系统目前有3种工作体制,可根据系统规模和要求来选择。

1. 可编程控制器系统(PLC 系统)

PLC 系统适用于现场的测量控制。其现场测控功能强、性能稳定、可靠性高、技术成熟、价格合理,使用比较广泛,但它只局限于通信场合,在闸门自动化中可用于单闸就地自动控制。

2. 分布式数据采集和监控系统(SCADA 系统)

SCADA 系统属中小规模的测控系统。系统主要由远程控制单元 RTU、通信网络及控制中心三部分组成。它既具有现场测控功能强的特点,又具有信息资源系统共享的组网通信能力。其中一些系统既可配有线通信系统,又可配无线通信系统,而无线通信系统尤为适合地域广阔的应用环境。

SCADA 系统主要应用于水利、石油、供电等行业中,在地理环境恶劣或无人值守的情况下进行远程控制,该系统性能价格比高,在中小规模闸群自动控制和水利枢纽自动控制中,已有许多的应用案例,并有广泛应用的推广前景。

3. 集散型分布式计算机控制系统(DCS 系统)

DCS 系统是当今国际上流行的大规模控制系统,采用标准总线结构。该系统分为两个层次,上层为中心管理级(中心站),下层为现场控制级(闸控站)。全系统由中心站主计算机统一进行管理,主要是对闸控站(包括水位站)进行自动监视、数据记录保存、状态报告、下达调控指令及人机界面操作等。而闸控站则采用分布式控制结构,各站在本站主计算机管理下,分别由各自独立的 CPU 终端管理,独立完成本号闸门的监视、控制及其与主机的通信等。

DCS 系统适用于测控点较多、测控精度高、测控速度快的场合,可分散控制和集中监视,具有组网通信能力高、测控功能强、运行可靠、易于扩展、组态方便、操作维护简便等特点,但系统成本较高。我国已有部分研究院所(如南京水利水文自动化研究所)研制出了 DCS 系统,并成功地运用于水利工程管理中。

(三)系统总体功能设计

1. 中心站主要功能

(1)中心站对闸门进行实时监视和控制,通过显示屏或监视器观察闸门运行状态。

(2)中心站对接收的闸门实时数据进行处理后,依用户所提供的模型或要求进行存储、显示或打印。能实现操作命令记录、操作结果记录,具有资料存储、检索、查阅的能力。

(3)中心站根据水位数据与供电监测的数据,决定是否调度并按照闸门调度运行方案进行群闸实时调度,由计算机发出调度指令,自动控制相关闸门的运行。

(4)控闸过程中,中心站计算机实时对被控闸门及供电质量进行监视和管理,若现场出现控制故障则能实时报警,并提示相关的故障现象,也可存储、打印相关记录。

(5)自动实时接收水情遥测系统所需测站的水位、雨量数据,实时自动接收闸前、后水位站发来的水位信息并转发给闸控站。

(6)通过有线或无线通信,中心站可将所需的闸门信息、水位信息或电参量信息发送至上一级监控中心。

中心站根据需要可选择配备同步闭路电视监视系统,实时观察远方闸门的动作,作为闸门计算机控制系统的辅助监视手段。

2. 闸控站

(1)自动采集闸门开度(闸位)和有关配电开关状态、电压、电流、压力等工况参数,误差与精度满足规范要求,并将参数自报给中心站,同时能响应中心站计算机发来的召测命令。

(2)自动监测系统参数,判别电动机能否具备启动运行条件。

(3)根据闸门调度运行方案,随时接收中心站计算机发出的闸门遥控指令,确认正确无误后,启动控制电路,控制相应闸门的升、降、停的操作,并实时反馈控制终端所监测闸门的各项参数及现场工况,控制精度满足用户要求。

(4)在闸门运行过程中若出现倾斜、卡孔、越限、过速、反向运行及供电不正常(如电压、电流越限、过流断相)等故障,应立即停机并告警,同时向中心站发送有关信息,标志出可能的故障类别。

(5)具备本地/远方切换测控的功能。进行本地的操作控制,主要是方便现场的功能调试、故障检测和维护。

此外应留有人工操作方式,装备应急开关等。

三、水闸自动监控的主要功能部件

任何一个自动化系统都需要各种各样的部件相互配合才能完成自动化任务,但对于一个具体的自动化系统,它既有与其他自动化系统相同的部件,如放大部件、执行部件,也一定有与其他系统不同的部件。现就水闸自动监控系统的一些共性部件作重点介绍。

(一)测量传感部件

在水闸自动监测系统中常用的测量传感器件有闸位传感器、水位传感器等,以对供电情况、闸门运行工况、系统非正常工作状态和一些开关量等现场工况进行测量。

闸位传感器又称闸门开度传感器(其原理很大程度上与水位传感器相似),根据输出信号的不同类型可分为模拟式和数字式闸门开度传感器。

早期的模拟式闸门开度传感器一般以精密线绕多圈电位器作为传感器件,将闸门启闭机滚筒的转动通过传动装置引至电位器的旋转轴,在闸门启闭的过程中电位器旋转轴跟着转动,使得电位器的动臂与某一固定臂之间的阻值随着闸门的升降而变化。当在电位器的两固定臂施加一电压时,即可从动臂取走一电位值。这种传感器的优点是结构简单、成本低廉且信号传输只需要三芯电缆,传输费用低,系统停电时不会丢失闸门开度信号。其不足之处是电信号有一定的温漂,但基本能满足水利工程中测量闸门开度的要求。

数字式闸门开度传感器又分为计数式和直接编码式两种。计数式传感器的工作原理是对闸门启闭机某一转动轴的角位移通过计数脉冲进行计数。这种传感器数据的记录过程和保存都需要电源支持,一般备有可以浮充电的电池,其输出的数据格式可以是二进制、BCD 码或格雷码。这种传感器的使用可靠性主要取决于充电电池,一旦电池失效则该传感器中的数据将全部丢失。因此,这种计数式闸门开度传感器应用较少。

直接编码式闸门开度传感器是将启闭机某一转动轴的角位移通过码盘、微动开关、光电器件或黑白条码直接按某一码制进行编码输出,它的数据不需要借助于电源来记录和保存,它的可靠性取决于码盘及其触针的可靠接触寿命、微动开关的机械和电气寿命、阅读黑白条码的光电器件的寿命。事实上,半导体光电器件的寿命最长,是直接编码式闸门开度传感器的首选。但这种传感器易出现较大的回旋差,即码盘从一个转动方向改变为相反方向转动时,在开度的一定变化范围内传感器的输出数据无变化。近年来,为消除回旋差、提高精度,进行了许多改进,如在传感器全量程范围内增加其码盘转数(最多已达128圈),增加每一圈分辨数据等。

(二)通信道

在闸群自动监控系统中,通信道是一个极其重要的部分,这不仅由于通信道的可靠性、稳定性直接影响到整个系统的工作,而且由于有时通信道是系统里价格最为昂贵的一部分。以下再介绍闸群自动监控系统通信网络的工作方式。

系统通信网络主要用于闸控站与中心站的通信,也包括闸控站之间或与水位站之间的通信。通信链路种类可以是有线或无线的,常用的有超短波、微波、光纤和电缆等。通信方式一般采用全双工应答方式,即由中心站触发通信和闸控站触发通信。

中心站触发通信方式包括巡检轮询方式、广播方式和控制命令下发方式。闸控站触发通信方式包括事件触发方式和突发传输方式等。

(三)远程控制单元(RTU)

远程控制终端可以由各种各样的元器件或部件组成。为了适应远程控制的需要,国内外一些研究部门和生产厂家将远程终端站的主要控制部件组装在一起,称为远程控制单元(RTU),RTU具有工作可靠、性能稳定、功能齐全(并可选择)、抗干扰能力强等一系列优点。经过多年的改进提高,现在已有许多定型的、性能优越的RTU面市。

RTU的主要作用是进行数据采集及本地控制,进行本地控制时作为系统中一个独立的工作站,RTU可以独立地完成连锁控制,包括前馈控制、反馈控制及控制调节等;进行数据采集时作为一远程数据通信单元,完成或响应本站与中心站或其他站的通信和遥控任务。

RTU的主要配置有CPU模板、含存储器的I/O模板、通信接口单元及通信机、天线、电源、机箱等辅助设备。RTU执行的任务流程取决于下载到CPU中的程序。CPU的程序可用工程中常用的编程语言编写,如C语言、汇编语言等。

在闸群自动监控系统中,RTU起比较、放大变换、计算和控制、信号的接收与发送等作用。RTU可定期或随机采集测量传感部件的输出数据并进行处理,经编码后发送到控制中心,同时也可在现场进行打印、显示、存盘等。RTU接收控制中心指令,提供数字量输出,实现对闸门的自动控制。

RTU允许进行闸门控制的编程。同时,RTU有一个为警告和事件的时间标记而设计的实时时钟;RTU 能定期查询报告自身特殊情况,数据超过上下限时将由 RTU 自动传送直到被中心计算机获知,RTU 软件可诊断和判断 RTU 本身和传感器是否正常等。

第四节　水利工程安全监测自动化

随着水利工程安全监测越来越受到人们的重视,我国成立了相应的安全监测组织,开展了多种项目的监测,研制出许多新型观测设备,并在观测资料的分析整理方面取得了很大进展。但是,为了监测水利工程的安全,往往需在建筑物内部埋设大量监测仪器,有时多达数十个、数百个,甚至数千个。而对于这些监测仪器的观测记录,目前绝大多数依靠人工来完成。许多监测项目需要长年频繁地进行观测,而有些项目又需要快速、准确、方便地取得数据。显然,这些观测项目及大量监测仪器都交由人工去观测记录,往往不能及时取得监测数据或取得的数据不可靠,从而可能致使监测系统的一切人力、物力的投入都白费。因而对于水利工程安全监测实现自动化,也就提上了议事日程。下面以国内外大坝安全监测自动化为例予以介绍。

一、水利工程安全监测自动化现状

(一)国内大坝安全监测自动化现状

根据国家电力公司大坝安全监察中心赵花城等 2020 年对电力系统 136 座水利大坝安全监测自动化的调查,有 60 座水利大坝单个或多个监测项目采用了监测自动化技术,实现了数据的自动采集。其中有 33 座大坝的变形、渗流等主要监测项目实现了监测自动化,有 18 座大坝的变形监测实现了自动化,有 6 座大坝的渗流监测实现了自动化。另外有近 30 座大坝正在实施或近期计划实施监测自动化。监测自动化系统的功能比 20 世纪 80 年代有了较大的增强,系统都有在线监测的功能(如数据的自动采集、传输、存储和处理),大多数系统还有离线分析、建立数学模型、报表制作、图形制作等功能。陈村、碧口、葛洲坝、云峰等系统具有在线监控的功能。龙羊峡、耿达、云峰、大峡、青铜峡、漫湾、沙溪口、池潭、安砂等系统具有远程通信功能,还能与 MIS 系统或其他网络连接通信。大坝安全监测自动化的实现,提高了监测精度,改善了监测条件,减轻了劳动强度,增强了对大坝的在线监测能力,为今后实现在线监控和在线管理打下了良好的基础。同时对及时掌握大坝运行状态发挥了重要作用,也为大坝安全评价提供了科学依据。

(二)安全监测发展方向

通过近些年的不懈努力,我国在大坝安全监测领域的监测仪器和数据自动采集系统研制及数据处理分析方法研究等方面均接近或达到国际先进水平,但结合我国大坝安全管理现状,以及为实现大坝安全管理快速、准确、高效的现代管理目标,目前我国大坝安全监测自动化水平与国际先进水平还有很大的差距。因此,我国需要应用现代技术的最新成果,结合我国的大坝安全监测自动化的实际情况,开发功能更为全面和强大的系统,主要包括三个方面。

(1)实现在线监控。在线监控包括在线监测(数据采集)、在线检验与计算、在线快速安全评估等三个主要部分。其基础是实现在线数据采集,核心是在线快速安全评估,即一次数据采集完成后,利用该次实测数据(或实测数据的变化速率)与监控指标(或监控模型或某一界限值)进行对比、检验,以简便、快速地评估、判断当前所采集的数据是否正常,若测值异常,则进行技术报警。

(2)研究开发分析评价专家系统,实现大坝安全状态的综合评价。

(3)利用计算机、通信和网络技术,实现大坝安全监测为安全管理服务的总目标。

二、安全监测自动化常用的监测方法、仪器和数据采集系统

(一)常用监测方法

大坝安全监测自动化常用的监测方法有正(倒)垂线、引张线、大气(真空)激光准直、液体静力水准、测压管、量水堰、排水管等。其中,垂线主要监测大坝水平位移和挠度,并可兼作引张线、激光准直等方法的校核基点。引张线用来监测大坝水平位移,激光准直可监测大坝水平或垂直位移,液体静力水准用于监测大坝垂直位移,测压管则主要监测混凝土坝扬压力和土石坝浸润线,量水堰监测总渗漏量,而排水管则是监测单孔渗漏量。此外,还有测内部应力计、应变计、温度计和测缝计等。

(二)常用监测仪器

监测仪器是实现大坝安全监测自动化的基础,其精度和稳定性直接影响到实测数据的可靠性。我国生产的电容式、电感式、步进电动机式、光电耦合阵列 CCD 式、差动变压器式、钢弦式、差动电阻式等十余种监测仪器,包括垂线坐标仪、引张线仪、静力水准仪、渗压计和 CCD 激光探测仪等,在实践应用中效果较好。

国产差动电阻式、钢弦式、压阻式渗压计和光电耦合线阵 CCD 垂线坐标仪、引张线仪，以及用于边坡监测的多点变位计、锚索测力计等仪器，经过近几年的不断改进和完善，其精度和长期稳定性已有很大提高。

此外，我国也引进了国外的一些监测仪器和监测系统，如美国 GEDKON 公司的振弦式压力传感器（测扬压力）、瑞士 KELLER 公司的 420 型压力传感器和 426W 型液位传感器（测量绕坝渗流）。

（三）数据采集系统

大坝安全监测数据自动采集系统按采集方式可分为三类，即集中式、分布式和混合式。早期的大坝安全监测自动化系统多为集中式系统，其特点是只有一台测量装置（如自动巡回检测仪），且安装在远离测点现场的监测室（机房）内，其功能是按顺序逐一检测或点测监测仪器的数据，测点现场安装切换装置（集线箱、开关箱），其作用是将被检测的监测仪器与巡检仪相连通。这时，在监测仪、切换装置、测量设备之间传输的是电模拟量。

发展的分布或数据采集系统的特点是将测量多台装置小型化，并和切换装置一起放在测点现场，称之为测量控制装置，测量的监测数据多变为数字量，由“数据总线”直接传送到监控室的微机上。这种系统较前述的集中系统可靠性大为提高，抗干扰能力增强，测量速度快，且便于扩展等。

近年来，由于微电子技术和计算机技术的发展，水利工程大量采用智能型数字仪器。在发展分布式数据采集系统的同时，集中式系统也有所发展。一般认为，测点少的大坝可采用集中式数据系统，而测点较多的大型水利枢纽则多采用分布式数据系统。

此外，由于计算机网络技术的迅猛发展和监控系统的复杂化，人们将计算机网络技术应用于测控单元与上位机之间的数据通信中，上位机的控制指令接收、发送和向上位机传送的数据，均通过计算机网络技术实现。因此，无论是集中式还是分布式，实质上均为集散式监控系统（DMCS）。

目前，国内生产的具有代表性的大坝安全监测数据自动采集系统有电力自动化研究院的 DAMS 型系统、南京水利水文自动化研究所的 DG 型系统、西安联能自动化工程有限责任公司的 LN1018 型系统、南京电力自动化设备总厂的 FWC 型系统和南京水利科学研究院研制的 DSMS-80I 系统等。另外，还有一些单项自动化数据采集系统，如武汉地震研究所的预测静力水准系统和长春市朝阳监测技术研究所的真空激光准直系统等，都能自动采集某项数据。

三、安全监测自动化系统组成

大坝安全监测自动化系统一般由安装在坝体内或现场的监测仪器(传感器)、现场测量控制装置、中央控制装置三个部分(三个层次)构成。下面以安装在葛洲坝二江泄水闸上的DC型分布式安全监测数据采集自动系统为例,说明系统的组成结构。

(一)系统的组成及框图

该系统由以下设备组成:PSM-R型电阻比检测仪1台,PSM-S型变形检测仪1台,STC-50型步进电动机式遥测垂线坐标仪2台,SWT-50型步进电动机式遥测引张线仪18台,MCU-32R型应力机、温度测控装置6台,MCU-8S变形测控装置3台,CCU中央控制装置1台,另外配置了用于数据管理的微型计算机系统及全套软件,电源系统及电源、总线、各种装置的雷电流保护器(LSP)等设备。其中,PSM-S(R)是便携式检测仪,可直接对STC和SWT仪等进行测量,并将测量值存储于检测仪中以便输入计算机,也可接入DG系统中。

放在现场观测站的MCU型测量控制装置,不仅具有“切换”传感器功能,还具有“测量”“控制”“存储”“自检”“通信”等功能,是一种具有高度智能性、体积不大而又能在恶劣的水工环境中工作的设备,且同一台MCU通用测控装置上可以接入不同类型的传感器(如步进电动机式、差动电阻式、差动变压器式、滑线电阻式、可变电阻式),不同激振电压的、国产或进口的、单线圈的、双线圈的振弦式仪器,实现自动测量。

放在中央监测室的装置称为CCU型中央控制装置(美国Gcomation公司的同类装置由一台PC机和一台不接传感器的MCU组成,分别称为网络监控站NMS和网络中继单元NRU。意大利的ISMES研究所称之为CCU),这台装置和进行数据管理的计算主机放在一起,二者用RS-232串口连接,具有控制、通信、数据管理、自检、供电等功能。

(二)系统的运行方式及要求

1. 系统的运行方式

上述的DG系统有两种运行方式可供选择:中央控制方式和分散控制方式。在中央控制方式下,可由中央控制装置和键盘输入命令控制系统内所有测控装置进行巡测,或选定任一测点的传感器进行点测;在分散控制方式时,可命令各台测控装置按设定时间自动进行巡回测量,自动存储数据并向中央控制装置报送数据,这种运行方式不需要外界干预,即使中央控制装置或数据总线发生故障，数据采集工作照常按设定周期进行，系统的可靠性大为提高。

2. 对自动监测系统的主要要求

（1）对恶劣环境的适应性。大坝自动监测系统设备往往不得不放在阴暗潮湿的洞穴中，或暴露在大气里，极易受自然界风雨雷电的不利影响，因此在系统设计和设备选择时，要充分考虑到防潮、防雷和抗干扰等问题，尽可能地采用先进的技术措施，以提高系统的环境适应能力。

（2）精确度高。大坝安全监测的许多被测量的变化是很小的，如位移量，是以 mm 为单位计量的，因此在传感器等仪器的选择上，一定要满足大坝安全监测规范的精度要求。

（3）采集速度要快。为了保证采集数据的实时性，以便及时做出相应的调度决策，一般对系统的采集速度是有一定要求的。

（4）具有可扩充性和维修方便的特点。

（5）可靠性高。系统运行应长期可靠，采集的数据应准确可靠。

（6）通用性要强。对建筑物内部观测的物理量（温度、应力、应变、裂缝等）和外部观测的各类项目（垂线、引张线等）所用的测量仪器均可进行测量。

（7）自动化与人工监测兼容性等。

（三）研制监测自动系统应注意的问题

我国至今有近百座大坝安装了或安装过安全监测自动化系统，其中大部分自动化系统只实现了部分监测项目的数据采集自动化，有些运用良好，发挥了巨大作用，有些则已报废。其中有许多丰富的经验和深刻的教训，这里仅对今后研制类似系统应注意的问题进行简单介绍：

（1）做好系统设计。系统设计是最为重要的一环，尤其要注意两点：①系统和仪器的正确选型。目前国内外有许多单位生产相关的系统和仪器，要广泛进行调查研究，根据系统功能要求及技术指标要求，选择最为合理的系统和仪器。②合理的系统配置与布置。对现场和系统特点（优缺点）有一个清楚的认识是合理地进行系统配置和布置的前提，尤其要注意系统的工作环境（如温、湿度范围，电磁干扰强度等），以便决定是否要配置隔离变压器、UPS、防雷器和浪涌吸收器。同时系统布置要使系统设备工作环境尽可能好一点，电缆长度尽可能短一点等。

（2）注意安装前的率定和系统设备的检查。

（3）做好现场埋设和系统安装调试工作。

（4）加强运行维护规程制定、人员培训及系统验收工作。

第五节　大站水库溢洪闸工程自动化监视监控系统设计

一、溢洪闸监控系统组成及功能

溢洪闸监控系统主要由现场监控系统和远程（大站水库管理处、某市水务局）监控系统组成。

主要功能如下：

（1）对过闸流量、闸前水位、水库水位、启闭机运行参数、电力设备运行参数等进行自动采集、记录。

（2）对闸门开启高度自动测量、记录。

（3）对闸门启闭机设备的工作参数和工作状态进行现场和远程监视监控。

（4）电子摄像功能，对溢洪闸室内工作区、室外设施环境、水情环境、运行环境等多方位图像实时监控。

（5）监控系统能依据参数的设定自动控制闸门开启高度。

（6）对溢洪闸现场监控室、大站水库管理处监控室或某市水务局监控中心的各级管理员设置不同级别的登机操作监控权限（密码），并记录。

二、溢洪闸监控系统总体结构

溢洪闸启闭机运行参数、动力系统参数、安全监测参数等，经现场采集系统进入到现场 PLC 测控终端，现场视频信号经视频电缆进入到硬盘录像机，然后 PLC 数据信号及视频信号由现场监控计算机接入以太网交换机，经光纤网与大站水库管理处监控计算机进行信号连接，大站水库管理处与某市水务局防汛指挥部可采用有线通信方式进行连接，某市水务局防汛指挥部经专用宽带通信网络接入 Internet 网，便于今后与市防汛指挥部连接。

三、溢洪闸现场监控系统设计

现场监控系统是整个大站水库溢洪闸远程监控系统的核心和基础，所有远程监控信息的采集、传输及远程控制命令的响应均以现场采集系统和执行系统为基础，现场采集系统和执行系统运行的好坏直接影响着溢洪闸远程监测数据信息的准确性、可靠性、实时性及远程决策调度命令执行的正确性、及时性与可行性。因此,建好溢洪闸现场采集系统和执行系统是整个监控系统建设的重中之重。整个系统的建设主要包括两部分,即硬件系统建设和软件系统建设。

(一)PLC 监控单元设计

溢洪闸中心控制系统主要由 CPU 及各种信号模块组成,是整个监控系统的核心,它承载着上位监控中心及现场各检测控制设备的数据传输,主要完成数据的分析、计算及处理。PLC 监控单元采用 SIEMENS 可编程控制器,标准模块化结构,主控制器 CPU 采用西门子 S7-300,配置足够的输入输出接口,并且具有完善的自诊断功能。

(二)启闭机电器控制单元设计

启闭机电器控制单元主要由空气开关、交流接触器、热过载继电器、限位开关、闸门高度计数器等电器设备组成,完成启闭机的启闭操作控制、故障保护及闸位检测。电器控制单元设为现场/远程两种控制方式。

当在现场控制时,可在启闭机旁控制柜上进行启闭控制操作;当采用远程控制方式时,可在现场监控室、大站水库管理处监控室、某市水务局监控室,进行溢洪闸的远程启闭控制操作。

(三)水位动力及流量检测单元设计

水位检测单元主要由闸前超声波水位计和水库水位变送器组成,可随时采集闸前水位和水库水位。

动力检测单元主要由各种传感器(电压电流变送器、过载继电器、安全检测信号传感器)组成,主要检测启闭机的三相动力电源。

流量检测单元主要是由闸前设置的超声波水位计检测仪器和系统软件来完成流量的测定。

(四)软件系统设计

本工程项目软件系统主要包括系统软件、编程软件和组态软件。编程软件主要用于对现场 PLC 的系统组态和系统测试,使其内部处理程序与现场各种信号传感器及各执行命令设备的实际对接相匹配,确保上传数据的准确性和执行命令的准确性,同时为溢洪闸远程监控和工程安全监测及工程管理功能预留接口(大坝监测、放水洞监测、雨情监测),从而确保了设备的运行安全及运行效益。

四、溢洪闸远程监控系统设计

(一)远程监控系统结构设计

整个溢洪闸远程监控系统采用组态软件系统+C/S 的体系结构。

Client/Server 结构由服务器和客户端组成，即服务器的运行服务程序模块和客户端的运行客户程序模块，是一种分布式处理的计算机环境。

（二）系统主要功能

（1）服务器端系统功能：实时数据采集、转发功能；历史数据保存与查询、转发功能；实时命令的转发功能；实时图像采集、转发功能；数据校验功能；自诊断功能；日志功能。

（2）客户端系统功能：实时数据显示功能；数据分析及处理功能；控制调节功能；图像监视功能；图像录制功能；视频监视系统的控制功能；画面显示功能；远程通信功能；报警功能；用户管理及权限设置功能。

（三）数据存储系统设计

溢洪闸监控系统的数据内容涉及多种类型，包括一般信息（数字、字符、日期等）和视频信息。主要内容如下：

（1）监控数据。包括远程监控系统监测的溢洪闸状态和水位数据，控制系统发生的控制指令数据和监视系统的监视数据。

（2）管理数据。包括溢洪闸监控系统的一般资料，如监测设备型号及参数、监视设备型号及参数、安放位置、人员数据、日志、故障管理数据以及各级部门对溢洪闸的控制权限数据。

（3）基础数据。包括大站水库管理处的组织管理数据、溢洪闸的基本情况、水位变化情况及闸孔出流计算参数等数据。

五、溢洪闸视频监视系统设计

（一）结构设计

溢洪闸视频监视系统包括现场视频监视系统和远程视频监视系统。现场视频监视系统又分为现场视频硬件采集系统、视频处理系统视频传输系统。整个视频监视系统主要由摄像机、解码器、硬盘录像机、以太网交换机、防护监视系统和远程视频监视终端等部分组成。

（二）现场视频监视系统设计

（1）现场视频硬件采集系统设计。

摄像机组件：主要由彩色监控摄像机和摄像镜头组成。监控摄像机采用CCD 成像原理，将现场景象转换成视频信号。

视频电缆：是将摄像机视频信号传递到视频服务器的通道。

（2）现场视频处理、传输系统设计。视频信号编码、处理主要由一台硬盘录像机完成，用来把模拟视频信号变换成可以利用计算机网络进行远程传输的数字压缩视频流。视频网络信号传输，主要负责将硬盘录像机输出的数字视频流传递到大站水库管理处的局域网中,使溢洪闸现场监控室和水库管理处监控室都能进行视频监视。本系统将一台以太网交换机与硬盘录像机相连,将硬盘录像机输出视频流传输到局域网上。

(三)远程视频监视系统设计

远程视频监视终端服务器是一台安装有视频服务器软件系统的高性能计算机或 PC 服务器,完成整个视频监视系统的控制、录像、管理和维护功能。远程视频监视终端采用计算机和视频墙两种监视方式。

第六节 水文监测信息生产自动化体系设计

一、概述

水文监测信息生产是水文行业最基础的工作之一。按照传统工作的划分,水文监测信息生产的主要内容包括两个方面:一是水文监测信息的收集;二是水文监测信息的处理(包括数据整理、整编与审核)。从生产体系构成上看,水文监测信息生产包括信息采集、监测数据的纠错与整理、资料整编、整编成果审查、入库归档及整编成果的刊印与发布等多个生产环节。

近年来,随着国家投入的增加和技术的快速进步,水文行业监测信息生产技术水平总体上有了大幅提升,尤其在信息采集手段方面有了较大的进步,如水位、雨量信息的自记正在逐步替代人工观测,过程更为完整,精度更高;大河站的流量测验在采用多普勒流速仪后,从原来的几个小时缩短到现在的十几分钟,泥沙信息的监测也实现了自动化实时监测。

在水文监测信息的处理上,计算机技术的飞速发展也推动了传统水文监测信息处理工作的进步。各生产单位根据辖区的水文特性和自身需要,编制了一些数据处理的程序软件,提高了水文数据处理的效率。从 2003 年开始,水利部水文局组织长江水利委员会(以下简称长江委)水文局和黄河水利委员会(以下简称黄委)水文局,开发了“南方片”和“北方片”水文资料整汇编软件,并在全国各水文监测信息生产部门推广使用,成为我国首批全国统一的水文监测信息处理视窗程序系统,有力提高了水文监测信息处理的生产力水平。然而,这两款程序均是基于早期的计算机技术开发的,为单机版软件,其核心理念仅是将人工整编实现了计算机程序化,未能对我国水文监测信息生产力的提升产生质的影响。随着信息技术的日趋成熟和普及,自动化与一体化的生产设计理念对各个行业生产力的提升产生了革命性的影响。因此,革新生产的流程与步骤,融合传感器技术与通信技术,将水文监测信息生产包括信息采集、监测数据的纠错与整理、资料整编、整编成果审查、入库归档及成果在线发布进行系统的整合,实现我国水文监测信息生产的一体化与自动化,达到水文监测信息的实时生产,必将使行业生产力的提升产生革命性的飞跃,也应该是未来水文监测信息生产发展的主要方向。

因目前我国各单位水文机构总体架构、管理层级及生产运行模式基本相同,但命名方式却不尽统一,为方便说明,本书以长江委水文局的生产与管理为例,概述我国水文监测信息的生产现状,立足现有资源并结合信息技术的发展方向,尝试设计出我国水文监测信息生产的现代化体系。

二、水文监测信息生产的现状

(一)生产管理组织体系现状

目前,从生产单位构成上讲,我国水文监测信息生产管理体系总体上分为五个层级:中央机构、流域机构和地方(省、自治区或直辖市)水文部门、地市水文部门、基层水文部门、水文测站。

(二)生产流程与模式现状

以流域机构为例,从生产流程上讲,目前水文监测信息生产可划分为六个步骤:在站整编→勘测局审查→流域机构水文局复审→水文年鉴汇编→流域水文年鉴验收→全国水文年鉴终审。

水文监测信息生产始于各类水文测站,其负责各类水文监测信息的采集、整理和整编,形成最原始的水文监测信息生产成果,即传统工作中所称的在站整编;流域机构水文主管部门(以下称流域机构水文局)的下属勘测局(以下简称为勘测局)负责直接领导各种水文测站,并负责水文资料的整理、整编成果的审查;流域机构水文局负责其范围内的水文资料复审,形成最终的水文资料整编成果(水文监测信息生产的主要成果之一,从质量管理程序上讲,该成果已具有向社会提供的条件),并负责本局水文年鉴的汇编工作。此外,流域机构水文局还负责全流域水文年鉴汇编成果的验收,形成初步的水文年鉴汇编成果;水利部水文局负责全国水文年鉴汇编成果的终审验收,并统一向社会发布正式的水文年鉴。

从生产时间上讲,各水文测站或勘测队每年9—11月进行上半年水文资料的初步整编并由勘测局进行初步审查,审查时间一般为半个月左右;次年年初,通常为春节后,由各水文测站完成上年度全年水文资料的整编,再由勘测局组织技术骨干完成本局水文资料成果的年度审查,审查时间一般为半个月以上,较年中审查时间长一些,并提交流域机构水文局进行全局性的审查。流域机构水文局通常在次年上半年完成水文资料复审,复审工作时间一般为半个月到1个月。

(三)存在问题分析

尽管当前我国水文监测信息生产的技术水平已经有了较大的提高,但限于现有生产管理体系和生产模式与流程,其生产力水平的提高仍然停留在各个生产环节上,处于一种相互较为孤立的状态,对整个体系的生产力提升贡献非常有限。如快速流量测验并未实现快速流量整编,实时水情信息网络报送与水文资料整编不相关联,水文资料整汇编系统的应用提高了数据处理的效率,但却无法提升整个水文监测信息生产的时效性等。其主要问题突出表现在以下几个方面:

(1)监测信息处理技术发展滞后于测验技术。如水位实现了自记,流量实现了快速测量,但监测数据的整编仍旧按年进行整编,成果发布时间滞后严重。

(2)未建立完备的基础水文原始数据库,存在着"重整编成果,轻原始数据"的现象,水文监测原始数据管理与应用薄弱。

(3)水文监测信息生产与网络在线不衔接(基于水情网络的实时水雨情数据库不能满足整编要求),数据成果传递从测站整编到勘测局审查再到水文局复审依旧依靠人工、分阶段完成,水文资料处理未能有效利用网络的实时在线功能,致使其处理效率与质量都不能得到有力提升。

(4)生产自动化程度较低,虽然有水文资料整汇编系统等通用程序,但其为单机版程序,由人工操作形成生产成果,不具备信息数据处理中的自动化连续处理能力。

(5)成果合理性检查手段严重滞后。水文监测信息的合理性检查是水文资料整编工作中确保成果质量的最重要的方式与手段。然而,由于历史欠账太多,在信息技术高度发展的今天,水文资料的合理性检查仍然主要依靠人海战术,成为质量控制环节生产力提升的主要瓶颈之一。

(6)现有管理体制在一定程度上束缚了水文监测信息生产的信息化和自动化发展。在现有生产管理体制中,存在着重纸质成果、轻电子成果的现象,水文监测数据与整编成果的发布仍然采用相对落后的"审查-印刷-出版"模式,未能有效发挥现代信息技术的优势。

三、水文监测信息生产现代化体系总体构想

(一)指导原则

考虑当前的水文监测信息生产实践中存在的主要问题和未来的发展,要成功构建水文监测信息生产现代化体系,应遵循以下几个原则:

(1)顺应水文行业的发展方向和信息技术的发展趋势,着力提升自动化和信息化水平。

(2)水文监测信息生产力应得到大幅提升,使体系具有较高的实践价值。

(3)充分考虑生产单位技术装备、人力资源和技术储备的现状及未来的发展。

(4)立足生产实践,充分考虑基础生产单位的生产管理模式和生产人员的认知水平与习惯,以使系统得到基础生产单位和生产人员的认可,形成强大的生命力。

(5)方便社会用户的检索、查询和使用。

(二)现有资源分析

应当指出,近些年来,随着国家在水利基础建设方面投入的加大,我国水文测验生产部门软硬件环境已大为改善。

在硬件资源方面,我国大部分水文测站已拥有较为先进的监测仪器与设备,如水位、降水、蒸发等项目均已实现数字化自记,流量与泥沙也实现了实时监测;水文测站已配置功能相对齐全、能够满足水文资料整理整编的个人电脑;水文站网间已建成完善的水情网络。

在人力资源方面,经过多年的发展,各生产单位已具备相对专业的程序设计与维护人员、网络运行与管理人员,以及专业化的数据库管理人员;基层测站的水文资料整编人员总体上也已能够较为熟练地操作个人电脑和应用各类水文专业数据处理软件。

技术储备方面,由水利部水文局主持开发的南方片与北方片水文资料整汇编系统,使水文行业已具备开发大型数据处理系统的经验与能力。

综上所述,目前我国水文行业已基本具备构建水文监测信息生产现代化体系所需的基础资源。

(三)总体思路

基于目前我国水文监测信息生产的现有资源与技术条件,以全面提升生产效率和最大限度发挥水文监测信息与处理成果的社会功用为目标,在最低限度地改变现有生产体系的管理模式下,通过系统地整合现有的水文监测技术(传感器技术为重点)、通信技术和计算机技术等技术资源,对水文监测信息生产全过程进行信息化和自动化改造,实现水文监测信息生产从要素信息采集、传输、数据纠错、整理整编、合理性审查、入库归档到信息发布的一体化、自动化与智能化,快速进行水文资料整理、整编和合理性检查,缩短水文监测信息整编成果的提交时间(达到水文资料的逐日或逐月整编),全面提升水文监测信息的生产效率、成果质量和发布速度,完成水文监测信息生产由传统模式向现代化的变革，从而推动水文监测信息生产力的质的飞跃。

（四）水文监测信息现代化生产体系设计

按照总体思路，水文监测信息生产现代化体系以一体化、自动化与智能化为特征。在具体设计上，首先采用网络技术，将水文监测信息生产过程中的信息采集、传输、处理、归档与发布等各个相互独立的环节串联起来，实现数据流转与处理的一体化，以及生产过程的网络在线控制。如采用数据库技术，实现数据的专业化存储、处理与发布，并实现水文监测信息生产的全数据管理（包括测站基本信息、水文监测原始数据与整编成果等多种形式的数据），以更丰富的数据形式提供给社会用户，即采用计算机程序技术，以数据库为依托，实现水文监测数据处理和审核的自动化。

1. 生产体系结构设计

以长江委水文局为例，水文监测信息生产现代化体系可分为测站、数据分中心（可与水情分中心合并）、全局水文数据中心三层（也可由测站直接到全局数据中心，其结构为拓扑结构），其他重要水文信息如水质信息、河道测绘数据、用水量监测数据等均可纳入该体系。

在生产流程上，将传统的技术人员单独作业转换为网络在线一体化、自动化作业，在水文监测数据传输至数据中心后，由自动化数据纠错程序实时完成原始数据的纠错，然后由自动化水文数据处理程序（也称自动化水文资料整编程序）实时完成整编，接着由自动化水文资料整编成果审查程序实时完成单站资料合理性审查和全局范围内（上下游、邻近站）的资料成果的综合合理性检查，形成临时成果，即可实时向社会公众发布。

应当指出，设计出符合实际情况并满足生产实践需要的自动化水文数据处理程序、水文资料合理性检查程序及水文资料整编成果综合合理性检查程序是水文监测信息生产现代化体系成功构建的核心。

2. 体系的运行管理

在生产管理上，仍然基本沿用现有成熟的、有效运行的生产管理体系，即测站—勘测局—水文局的三级管理，各层级仍然按本级职责和任务要求，通过网络登录生产系统，在线完成生产任务。所不同的是，传统工作中由技术人员单独完成的工作将由自动化程序作业替代，而技术人员的主要工作则转向各类成果的质量控制。

在运行模式上，鉴于受当前水文资料纠错、整编和审查方法的理论水平限制和河流水文特性的不断变化，水文监测要素完全实现水文资料纠错、整编和审查的自动化是不现实的，也是不可能的，必须采用人机交互的方式进行生产作业。如水文监测要素原始数据的纠错主要依靠经验，在完成自动化纠错后，仍然需要由测站技术人员及时复核;水位流量关系为复杂绳套的,流量资料整编就必须采用人机交互的方式进行,由测站技术人员适时完成。因此,自动化生产和人机交互相结合的方式将成为水文监测信息现代化生产体系的主要生产运行模式。

在生产时间控制上,将由年中整编、年度整编、勘测局审查和水文局年度资料复审四个阶段转变为实时整编、年度资料复审两个阶段。年度资料复审可控制在次年1月15日左右结束。同时,水文局质量管理将以成果质量抽查复审、全局范围的综合对照检查,以及系统运行中管理程序是否履行到位等为主,工作量也将大幅减轻。若泥沙测验工作可实时完成,则上述时间还可提前。

在生产的人力资源保障上,信息化的设计更强调专业化的分工与合作,即网络的畅通与安全及水文数据库的专业维护将由更为专业的计算机专业技术人员负责(如各单位的网络信息中心),以确保体系的运行效率,而水文专业技术人员则在该平台上完成水文监测信息生产任务。这意味着信息专业与水文专业的分工将更加专业,合作也会愈加紧密。

3. 体系的生产效率和质量精度控制

从结构设计和生产流程上可以看出,一方面生产的自动化、步骤的减少、工作量的减轻等意味着生产所需的水文资料整编与审查人员将大幅减少,当前由多人负责一个测站水文资料整编的局面将在未来转变为一个人负责多个测站,个人的生产能力会大幅提高;另一方面,人员需求虽然在减少,但技能要求则会提高。生产效率上,步骤减少两个,生产的时效性大幅提升,这一点可以从时间控制上反映出来。

在质量精度控制上,为确保水文资料的整编质量与数据的唯一性,按时或日完成的实时水文要素整编成果,将以临时成果形式向社会用户发布提供。需要强调的是,按时或日完成的水文资料整编成果,可定性为经过审查的临时水文资料整编成果,水位、降水等相对简单的水文监测要素的成果精度是有保证的,但部分复杂要素如流量、泥沙等的成果精度与传统的年度整编成果相比可能会有所降低。从另一个角度讲,在用户对水文监测信息整编成果精度要求不太高但时效性要求较高的情况下(毕竟并非所有社会用户都有高精度要求),及时发布经过审查的临时水文资料整编成果则具有很强的社会意义和价值。

第三章　水利工程电站自动化

第一节　电站监控系统

电站监控系统曾经采用的是继电器构成逻辑控制，指示灯、发光管或光字牌等构成信号显示设备，设备庞大，显示信息量少，几乎没有信息存储功能，现在利用现代化的计算机技术实现水利工程内大部分机电设备的控制、监视、信息汇总和记录等工作，可完成更复杂的逻辑控制，设备占用空间小，信息量大，可长期存储。

一、系统结构

监控系统由电站主控级和现地控制级组成，采用 100 MB 光纤以太网，通信规约符合 TCP/IP 标准。与安全运行密切相关的主计算机、操作员工作站采用双重化设置，机组、变电站和公用系统现地控制单元（LCU）采用双 CPU 配置。电站中控室设置模拟屏，模拟屏信息来自计算机监控系统。计算机监控系统的配置和结构按《水电厂计算机监控系统基本技术条件》（DL/T 578—2008）、《水力发电厂计算机监控系统设计规范》（NB/T 10879—2021）及有关设计规定的要求设计。

主控级设 2 台主计算机、2 台操作员工作站、1 台工程师工作站（兼培训工作站）、2 台梯级调度服务器、1 台站用通信服务器、1 台语音报警服务器和 1 套模拟屏（模拟屏配有模拟屏驱动器），主控级还设有 2 台激光打印机、2 台彩色喷墨打印机、UPS 和 GPS 时钟设备等。主控级完成全厂监控功能及与梯级调度中心的通信。

按机组、开关站、全厂公用系统和坝内闸门等分别设置 8 个现地控制单元（LCU）作为现地控制级，完成对被控对象的数据采集和处理、事故检测报警等。现地控制单元由双 CPU 冗余配置的 PLC 构成，直接连接光纤以太网，人机接口采用触摸屏，以交直流双路为 LCU 供电。机组微机调速器、微机励磁装置、微机继电保护及自动装置、监测仪表等与相应的现地控制单元 LCU 通信。机组辅助设备全厂公用设备和厂用设备等分别采用单独的可编程控制器

(PLC)和测控单元,各自按其控制程序独立实现自动控制,并能与相应的LCU通信。计算机监控系统操作系统采用UNIX与Windows NT相结合。

二、计算机监控系统的主要功能

(1)实时数据采集和处理。

(2)实时控制和调节。

(3)安全运行监视。

(4)自动发电控制。

(5)自动电压控制。

(6)事件顺序记录。

(7)记录打印。

(8)事故追忆。

(9)运行管理及事故处理指导。

(10)系统通信。

(11)系统自诊断与自恢复。

(12)模拟培训功能。

第二节　机组本体自动化系统

一、机组本体自动化元件及盘柜设置原则

(1)自动化元件满足水轮发电机组及其附属设备运行、监视、自动操作及电站计算机监控系统的要求。

(2)所有自动化元件应防潮、防震、防漏,动作灵活可靠,结构便于安装调试,在保证可靠动作的前提下尽量选用技术先进和有运行经验的产品,重要部位的自动化元件采用冗余配置。

(3)所有自动化元件均接至水轮机及发电机各自端子箱中的端子排上。每个端子箱或其附近均有接地措施。

(4)测压管采用不锈钢管,所有安装在测量点的指示器稳固地支承在托架上,并易于检修,安装高度适当,便于观察。

(5)控制设备采用可编程控制器(PLC)进行控制。各被控对象控制逻辑完整,均设有手动/自动控制方式选择开关,且需留有与机组现地控制单元(LCU)联系的I/O接口和数据接口,其接口形式和通信协议满足全厂计算机

监控系统的要求。

二、机组本体自动化盘柜设置原则

机组本体自动化盘柜一般设置在机组风罩外,就近设置端子箱,机旁设置控制盘。

机组采用机械制动,设置一面测温制动盘,布置在发电机层上游侧机组对应位置。一般设置消防灭火盘、仪表盘、状态监测盘各一面,布置在发电机层上游侧机组对应位置。

另外,还设置有水轮机端子箱、顶盖排水控制箱、发电机端子箱、加热照明控制箱和技术供水滤水器控制箱,分别就近布置在设备附近。

第三节　电站辅助控制系统

电站辅助控制系统主要完成各独立设备或系统的现场控制功能,并作为监控系统的底层设备和接口设备。有逻辑控制需求的曾经采用继电器来完成,现在基本采用可编程控制器(PLC)来完成。

一、机组辅助控制

机组辅助系统包括技术供水系统、顶盖排水系统、调速器油泵及漏油箱油泵系统等,在每个系统旁设现地控制柜(箱),采用可编程控制器(PLC)在设备旁进行手动和自动控制,用 I/O 及通信口与各机组 LCU 连接,在中央控制室实现远方监视。

二、全厂公用设备控制

全厂公用设备包括中压气系统、低压气系统、厂内渗漏排水、厂内检修排水、大坝渗漏排水、下游灌浆廊道排水系统及厂外供水泵房供水系统等,在每个系统旁设现地控制柜,采用可编程控制器(PLC)在设备旁进行手动和自动控制,用 I/O 及通信口与公用 LCU 连接,在中央控制室实现远方监视。

三、通风系统控制

电站设备类风机,防火阀比较多,控制和消防联动关系复杂,对通风系统单独设置控制系统。通风控制系统采用分层分布方式,由 1 面通风控制柜、20 个现地控制箱及现场工业总线网组成。

通风控制柜和现地控制箱采用可编程控制器(PLC)设备,实现对风机和防(排)烟阀的单机和成组控制、风机及防(排)烟阀的联锁控制,通过工业总线网接收远方指令,实现风机的远方控制,并能监视全厂风机的运行状态。

对于主要送风机、消防排烟风机和消防排二氧化碳风机,除可通过通风控制系统的工业总线控制外,还采用了消防联动控制柜到通风机的多线控制,以提高控制可靠性。

通风控制柜能通过数据通信口与电站计算机监控系统、火灾自动报警系统连接,实现电站计算机监控系统对通风设备的监视控制和信息存储,实现火灾自动报警系统对通风设备的联动控制,保证火灾自动报警系统对通风设备的控制要求。

四、闸门启闭机控制

坝内有10个底孔弧形工作闸门,采用液压启闭机启闭,共设2套液压泵站,每套泵站控制5孔闸门,2套液压泵站分别设现地控制柜,采用可编程控制器(PLC)控制并装有开度指示仪。每孔闸门旁设现地控制箱,箱上具有必要的操作指示,主要用于现场调试。现地控制柜将相关信息送入闸门LCU,以实现在中央控制室通过操作员工作站对闸门进行远方监控。

五、主变本体非电量保护及测量装置

变压器本体所有对外连接的信号、接点(包括冷却器控制、测量及保护、CT、信号等)均集中引至变压器端子箱内,此端子箱安装于变压器本体上,便于人在地面上接线(该端子箱允许与冷却风扇控制箱合并)。端子箱采用不小于2 mm的不锈钢材料制成,防护等级应满足IP54的要求。

每台变压器应配备测量和保护设备如下。

(一)变压器油温测量

为实现对变压器油温的测量,设置Pt100测温电阻及变压器油面温度计,将温度计输出信号引入端子箱,信号包括接点信号和Pt100信号。接点容量不小于DC 220 V/2 A。

同时,当检测到温度超限时,自动启动冷却装置。测温电阻的数量及埋设位置满足相关规程要求。输出接点数量满足控制冷却装置及上送保护设备使用。

(二)变压器绕组温度测量

为实现对变压器绕组温度的测量,设置Pt100测温电阻及变压器绕组温度计,并能接收主变高压侧 CT 信号,将 Pt100 测温电阻和 CT 值叠加后输出接点信号和 DC 4~20 mA,输出信号引入端子箱。

(三)油位计

设置带电接点的油位计,安装于油枕内。油位计便于在地面清晰地读数,并能发出油位异常的接点信号,接点容量不小于 DC 220 V/2 A。此外,装设 DC 4~20 mA 输出的液位变送器,供电站计算机监控系统使用。

(四)气体继电器

气体继电器安装位置应便于观测到分解出气体的数量和颜色,且便于取出气体。为使气体易于汇集在气体继电器内,要求升高座的联管、变压器与储油柜的联管和水平面约有 15°的升高坡度,变压器不得有存气现象。

气体继电器安装在变压器油箱和油枕室之间的管路上,瓦斯继电器能正确反映变压器内部故障且性能良好。轻瓦斯瞬时动作于信号,重瓦斯动作则跳开变压器各侧断路器。瓦斯继电器应对地震和振动不敏感。

(五)压力释放装置

提供压力释放装置用于防止内部爆炸,所设计的装置在打开之后要减少排放的油量,并排除气体。压力释放装置至少有 2 对独立的信号接点引出并接入端子箱。接点容量不小于 DC 220 V/2 A。压力释放装置采用弯管形式,以便在爆炸后油流入储油坑内。

(六)控制箱及端子箱

冷却风扇电气控制箱和变压器端子箱允许合二为一,若分别设置,则相邻布置。

冷却系统的电源(风扇及控制)为双回三相交流 380/220 V±15%、50 Hz。2 路电源之间设置电源自动切换及机械闭锁装置,当一回电源发生故障时,另一回电源自动投入。

装有冷却设备手动/自动控制的转换开关。风扇启停的运行状态应能够上送电站计算机监控系统。

(七)各电压等级开关的控制

电站内所有 220 kV 系统断路器、隔离开关、主变中性点接地开关、厂用变高低压侧断路器及厂用母线分段断路器等,均可在中控室通过计算机监控系统集中监控。其他隔离开关、接地开关和 400 kV 厂用电馈线断路器等,由于数量过多或开关本身操作机构的限制,只能实现现地控制。

所有断路器在现地控制屏柜上均有状态信号指示,可现地手动控制。为防止误操作,隔离开关、接地开关在各自跳/合闸回路,设有必要的防误操作闭锁。

第四节　继电保护系统

继电保护设备经历了多继电器型、集成电路型及微机型几个发展过程，现在所用的微机型保护设备，占地小、功能全、可靠性高，同时有利于与监控系统的信息对接。

继电保护按照《水力发电厂继电保护设计规范》（NB/T 35010—2013）、《继电保护和安全自动装置技术规程》（GB/T 14285—2006）、《继电保护和安全自动装置通用技术条件》（DL/T 478—2013）及有关标准、规定配置。

采用分组多CPU保护结构，保护装置具有完善的抗干扰措施、灵活可靠的出口，具有自检和自恢复功能。

一、发电机和主变压器保护

（一）1#～4#发电机和主变压器保护

1#～4#发电机和主变压器保护按双重化原则配置，采用微机型成套保护装置，按发电机、变压器等不同的主设备分别组屏，分别供电。按照水电规办综〔2000〕0028号文件要求，1#～4#发电机组配置专用的微机型故障录波装置。

（二）5#发电机和主变压器保护

5#发电机和主变压器保护按正常配置，采用微机型成套保护装置，按发电机、变压器等不同的主设备分别组屏。

二、220 kV母线保护、线路保护及安全自动装置

根据有关规程规定，220 kV母线及线路保护及自动装置，按双重化原则配置，220 kV母线配置微机型保护及断路器失灵保护；220 kV线路保护设计采用不同原理的2套微机型保护及综合自动重合闸装置。为了监视220 kV系统故障过程，判别线路故障地点，全厂装1套微机型故障录波及测距装置。具体配置按接入系统设计的要求实施。

系统安全自动装置根据接入系统设计结果确定，本工程装有相角测量和失步解裂装置。

各保护装置采用I/O和串行通信两种接口，将信息送入计算机监控系统的开关站LCU或站内通信服务器。

三、厂用电系统继电保护

厂用变压器、生活区变压器及外来备用电源变压器等的继电保护装置，分别采用综合测控保护装置，安装在各自的高压开关柜上，完成监测和保护功能，采用 I/O 和串行通信两种接口，将信息送入计算机监控系统的公用 LCU。

励磁变压器配置电流速断及过电流保护，保护装置安装在发电机保护屏内。

0.4 kV 系统设备用电源自动投入装置，安装在相应的 0.4 kV 开关柜内。

第五节 励磁系统

一、励磁方式的选择

目前我国采用的励磁系统可分为直流电机励磁系统和可控硅励磁系统两大类。

(1)直流电机励磁系统主要类型有自并励、他励、复励和他励-自并励。

(2)可控硅励磁系统主要类型有他励、自并励、直流侧并联自复励、交流侧串联自复励和直流侧串联自复励。

由于直流电机励磁系统电压增长速度慢，电压反应时间长，存在机械整流子的磨损及环火等问题使维护工作量加大，不适用需要正反转的蓄能机组，同时制作费工、费料，造价较高，因此一般大中型水轮发电机励磁方式不选用。

可控硅励磁系统的几种类型的特点如下。

(一)他励

(1)励磁机为交流励磁机，无机械整流子，维护工作量小。

(2)励磁电源独立可靠，不受电网电压波动的影响。

(3)反映速度快，属高起始反应励磁。

(4)全控整流桥可实现逆变灭磁。

(5)交流励磁机一般功率因数低、容量裕度大、耗材多、造价高。

(6)接线比较复杂。

(二)自并励

(1)励磁主回路没有旋转部分。

(2)反应速度快，属高起始反应励磁。

(3)取消励磁机，可缩短发电机总长度，降低厂房高度。

(4)接线简单,维护工作量小,造价低。

(5)励磁电源受电网电压影响大,发电机或电网近端三相短路时,励磁系统整流桥阳极电压严重下降。

(三)直流侧并联自复励

(1)励磁主回路没有旋转部分。

(2)反应速度快,属高起始反应励磁。

(3)取消励磁机,可缩短发电机总长度,降低厂房高度。

(4)发电机或电网近端短路时,能提供必要的强励顶值。

(5)电流组或电压组其中一组因故退出运行时,另一组仍可短期运行。

(6)设备多,占地面积大。

(7)不带气隙的复励变流器副边容易出现过电压现象。

(四)交流侧串联自复励

(1)励磁主回路没有旋转部分。

(2)反应速度快,属高起始反应励磁。

(3)取消励磁机,可缩短发电机总长度,降低厂房高度。

(4)励磁电源运行独立性较高,可提供较高的强励顶值。

(5)设备多,占地面积大。

(6)串联变压器一般采用代气息结构的铁心,因而副边开路时,不致出现过电压,但造价较高。

(7)全控整流桥可实现逆变灭磁。

(五)直流侧串联自复励

(1)励磁主回路没有旋转部分。

(2)反应速度快,属高起始反应励磁。

(3)取消励磁机,可缩短发电机总长度,降低厂房高度。

(4)整流桥硅元件所承受的反峰电压较低。

(5)设备多,占地面积大。

(6)串联变压器一般采用代气息结构的铁心,因而副边开路时,不致出现过电压,但造价较高。

综上所述,对于各种水利工程均可选用自并励可控硅励磁系统,主回路接线简单,消耗钢材少,造价低,维护工作量小,是比较经济易行的方案。

二、自并励可控硅静止励磁系统

自并励可控硅静止励磁系统由励磁变压器、三相全控桥整流器、微机励磁调节器、双断口磁场断路器、交直流过电压与非全相保护、起励装置、量测用电流互感器及电压互感器等组成。

(一)励磁变压器

励磁变压器采用防潮三相干式变压器,为整流设备提供电压。高压侧与发电机母线分支对应相连。

(二)励磁调节器

励磁调节器采用按电压偏差自动调节通道和按转子电流偏差手动调节通道。自动电压调节通道采用双重化,互为热备用。具备与计算机监控系统机组 LCU 的接口,以实现监控系统对发电机励磁的监控和调节功能。

(三)励磁系统性能参数

励磁系统性能参数应满足《大中型水轮发电机静止整流励磁系统技术条件》(DL/T 583—2018)的要求。当发电机机端正序电压为额定值的80%时,励磁顶值电压倍数为2,强行励磁响应时间不大于0.08 s,快速减磁,由顶值电压减小到0的时间不大于0.15 s;励磁系统在2倍额定励磁电流下的允许时间不小于20 s;励磁系统保证当发电机励磁电流和电压为发电机额定负载下励磁电流和电压的1.1倍时,能长期连续运行。

(四)起励装置

励磁起励方式采用直流起励及残压起励。机组正常开机时,当发电机转速达到95%时,自动进入残压起励方式,若残压起励不成功,自动投入直流起励。

(五)灭磁装置(包括转子过电压保护)

励磁系统的灭磁方式分成正常停机和事故停机2种灭磁方式,正常停机采用逆变灭磁,事故停机采用磁场断路器加非线性电阻灭磁。

在可控硅整流桥交流侧、直流侧及发电机转子侧装设过电压保护装置,用以保护可控硅及发电机转子绕组。

第六节　调速器系统

水轮机调速器分机械液压式调速器和电气液压式调速器两大类。机械液压式调速器早期具有长期的制造和运行经验;而电气液压式调速器则具有制造加工比较方便、灵敏度高、便于实现多参量调节、合理分配负荷、实现成组调节等优点,近年来应用广泛。

一、电气液压式调速器的组成

(1)测频单元:测量运行机组频率与给定频率的偏差。一般采用齿盘转速测量、机端PT及系统PT的频率信号测量方式。

(2)电液转换器:将电信号转换成位移信号。

(3)主配压阀:控制接力器油路的方向,控制接力器开、关或快关等。

(4)开度限制及反馈机构:在自动运行状态下可限制机组开度,在液压手动运行状态下,用于机组的开机、增减负荷和停机等操作。

(5)分段关闭装置:控制接力器关闭时,控制关闭速度,分快关段和慢关段。

(6)事故电磁阀:用于机组的事故停机,控制主配压阀油路切换时接力器快速关闭。

(7)补气装置:油压装置在首次工作建立油压和油位时应用。

二、电气液压式调速器特点

电气液压式调速器与机械液压式调速器比较,具有如下优点:

(1)灵敏度高。

(2)易于实现多种调节参数的综合(如加速度、流量、水头和机组间负荷分配等),有利于水电站的经济运行、自动化水平及调节品质的提高。

(3)用半导体器件、集成电路及现在的微机等组成的电路来取代机液调速器中难以加工的离心飞摆、缓冲器和协联机构等部件,从而使调速器的加工大为简化,成本亦相对降低。

(4)易于增加一些辅助部件,使调速器的功能、作用更为完善。

三、电气液压式调速器分类

(1)按其作用执行机构的数目,可分为单调节的(用于混流式和定桨式水轮机)和双调节的(用于转桨式水轮机)。

(2)按其电液转换器的形式,可分为比例伺服阀、数字阀和步进电机等形式。

第七节　控制保护用辅助电源系统

为确保电厂的安全运行,全厂设220 V直流电源系统,作为全厂控制、保护、操作自动装置和逆变电源装置等的供电电源。当厂用电源发生事故时,事故负荷持续时间按 1 h 计算,经初步估算,选用 2 组 600 Ah 固定阀控式铅酸蓄电池组,不带端电池,不设调压装置。

采用单母线分段接线,每段母线接 1 组蓄电池和 1 套浮充电装置,浮充电装置同时完成浮充和强充功能。直流系统配置有微机监测装置、微机绝缘监测装置和蓄电池巡检装置等。

整流采用高频开关电源装置,采用“N+1”冗余配置以提高稳压、稳流的精度。

每台机组旁 GIS 室和继电保护盘室分设交、直流电源分屏,交、直流电源分别由两段母线双回路供电。

逆变电源装置作为事故照明用电。

电站计算机监控系统主控级计算机电源采用冗余配置的不间断电源 UPS,均配置阀控式铅酸蓄电池组。

第八节　视频监控系统

视频监控系统可以确保运行(值守)人员及时地了解电厂范围内各重要场所的情况,是提高电厂运行水平的重要辅助手段。利用对视频信息进行数字化处理,从而方便地查找及重现事故当时情况。

根据电站“无人值班(少人值守)”的控制方式,电站视频监控系统与计算机监控系统、火灾自动报警系统等有机地结合起来,通过在电站某些重要部位和人员到达困难的部位设置摄像机并随时将摄取到的图像信息传输到电站控制中心,以达到减少电站巡视人员劳动强度的目的,并实现电站重点防火部位、各场所安全监视坝上和开关站等部位的远方监视,部分现地设备的运行情况监视等。

为水利枢纽工程设视频监控系统,系统的主要设备配置为:副厂房二层中控室设有视频矩阵切换主机、控制操作键盘、硬盘录像机、2×2DLP 拼接大屏幕系统、监视器和一个多媒体主机等主设备及附属配套设备。

第九节　通信系统

根据水利枢纽工程的地位和接入系统要求、建成后的调度管理方式、水电厂装机规模、枢纽布置施工组织等具体情况,确定通信总体方案如下。

一、厂内生产管理通信

为完成厂内及库区生产管理及生活区通信，选择数字程控交换机1台，容量512线，附属配套设备1套，交换机与电力线载波、光纤和卫星等通信设备接口。交换系统平台采用线性结构，具有汇接交换功能、语音通信和IP组网等增值业务功能，综合业务数字网的基本功能，以及来电显示、计费等功能。配置网管和语音信箱系统。

二、厂内生产调度通信

为水库和电站调度服务设256线数字程控调度机1台，配置调度台（双座席）和数字录音系统，配置网管和语音信箱系统，并与系统调度通信设备接口。交换系统平台采用线性结构，具有汇接交换功能，语音通信、呼叫中心和IP组网等增值业务功能，综合业务数字网的基本功能，以及来电显示等功能。

三、系统通信

（一）电力调度通信

（1）A方向：分别在两回出线上安装地线复合光缆通信设备。

（2）B方向：同A方向。

（二）水利调度通信

水利枢纽是黄河中游的大型水利枢纽，其大型水库的合理调度服从黄委全河调度原则，汛期电站发电服从防洪，水库严格按照汛期水库调度原则调度，为满足全河调度及防汛对通信系统的要求，建立水利枢纽至主管部门和调度部门（水利部及黄委）的通信通道十分必要。

由于电站拟采用联合梯级调度控制方式，联合梯级调度控制中心拟设于电站的管理及调度基地内，独立于两电站实现远方监控调度，三地的水利调度语音及数据指令信息、防洪与防凌信息可从电站统一出口，以上信息均需通过水利调度通信通道传送至主管部门和调度部门（水利部和黄委）。

上游电站已建水情自动测报系统将与本电站待建水情自动测报系统联网，两系统每日均需向黄委报送水雨情信息，并于汛期及洪水来临前向主管部门做出洪水预报。水利调度通信通道也将解决以上信息传递。

对于系统通信，常采用光纤数字微波、载波和卫星通信，由于水利部及黄委距离水利枢纽距离遥远，数据量不大，沿途采用光纤、微波和载波成本太高，而卫星仅一跳，选择卫星通信方式既经济又易建设。

为此,工程选择卫星通信作为水利调度通信的主要通信通道,传送上游及电站与水利部及黄委之间的水利调度、防汛、生产管理及水雨情信息。同时,由于系统调度通信应具有两种独立的通信通道,故将公网作为工程的备用通信通道。

四、梯级调度管理通信

在调度中心设 400 线数字程控调度机 1 台及附属配套设备 1 套,配置调度台(双座席)和数字录音系统,配置网管和语音信箱系统。由枢纽至上游电站架设光缆线路,配置光传输设备。该交换系统平台采用线性结构,具有汇接交换功能及行政调度合一的交换功能,语音通信呼叫中心和 IP 组网等增值业务功能,以及综合业务数字网的基本功能,以及来电显示、计费等功能。

五、通信综合网络及办公自动化系统

在枢纽、生活区和调度中心分别布设综合布线系统,采用结构化综合布线,调度中心设路由交换机,对于楼宇用户,设置楼层交换机和楼宇交换机,分散的信息点设 2 层以太网交换机,配置配线设备。

在以上三地配置办公自动化系统设备各 1 套,包括硬件和软件设备各 1 套。办公自动化系统采用 C/S(客户机/服务器)两层结构的形式,在办公自动化系统平台上建立办公自动化(OA)系统,以 Web 服务器为核心,集成文件服务器、数据库服务器和 Mail 服务器支撑系统网络。

六、对外通信

电信公网通信由生产管理交换机与县电信部门及 B 方向电信部门通过中继连接。

七、电源

所有通信系统设备集中供电,交流电源采用 2 路厂用交流和直流经逆变切换的供电方式。各种通信设备的直流电源采用直流不停电供电方式。直流采用 48 V 供电系统,整流模块并联运行,市电正常时,与蓄电池并联浮充对负荷供电;在市电中断情况下,蓄电池对设备供电,UPS 电源对机房内交流用电设备供电。

八、施工通信

根据工地施工总布置，为保证施工工地内部、施工工地对外及施工期间防汛通信的要求，在施工工地设置数字程控交换机 1 台，容量 300 线。为此，交换机配置通信电源设备及附属配套设备。

九、设备布置

通信设备安装在调度中心、生活区和副厂房独立单元内，生产调度总机的操作席设在电厂的中央控制室。

第四章　智慧水利大数据与数字孪生技术

第一节　智慧水利建设

2008年,“大数据”被《自然》杂志刊登专题,引起了全球各国的重点关注,美国、英国等发达国家及我国先后发布大数据的相关研究和发展计划,将其上升为国家层面的战略资源。随着“物物皆能被感知,人人成为传感器”的愿景日益变为现实,人类面临着呈爆炸式增长的数据信息,这无疑向我们昭示——大数据时代已经到来。随之而来的是大数据概念的不断发展完善,它被认为是以容量大、类型多、存取速度快、应用价值高为主要特征的数据集合。各行业通过对大数据进行采集、存储和关联分析发现新知识,创造新价值,提升新能力,重塑新一代信息技术和服务业态。

变化环境下水安全问题已成为人类可持续发展面临的新的重大挑战,同时也是国际上普遍关心的全球性和重大战略问题,涉及领域广泛,过程复杂,驱动因素众多,在“自然-人工”耦合的复杂水系统运行中产生了海量的、多源的、异构的涉水数据,这给水安全问题的监测分析和管理决策带来很多难题。融合新资源、新技术和新理念的水利大数据为解决水安全问题开辟了新的途径和指明了新的方向,对认识水规律、强化水管理、谋划水未来均有重要价值。作为大数据关键组成部分的水利大数据具备大数据的一般特征。水利部《关于推进水利大数据的指导意见》的印发标志着水利大数据发展进入一个新阶段。

随着我国数字水利建设工作的推进,数字水利建设目标是应用物联网、云计算、大数据、人工智能等技术,围绕洪水、干旱、水工程安全运行、水利工程建设、水资源开发利用、城乡供水、节水、江河湖泊、水土流失等9个方面,形成融合高效、智能分析、实时便捷的数字水利应用大系统,促进水治理体系和能力现代化。国内外对水利大数据研究进行了有益尝试,但从总体上看,这些研究还处在起步阶段,主要存在以下问题:

(1)大数据的理论技术尚未成熟和大规模应用。

（2）水利信息系统仍没有统一的数据存储与共享模型。

（3）水利行业在大数据的理论、研究方法和应用价值等方面存在思想认识落后，技术储备不足的问题。

（4）水利大数据既缺少战略性研究，又没有能够应用的顶层设计指导。

这些问题的存在影响和制约了水利大数据的研究和应用工作的有序推进。尤其是水利大数据概念内涵不清晰，架构体系不统一，标准规范不完善，业务应用不明确等基础问题仍没有得到解决，无法回答“是什么”“怎么做”“如何用”等命题，这就导致在水利大数据建设中，基础设施建设蓬勃发展，但是成功应用案例却不多，与大数据建设的“初心”仍有较大差距。以探索解决这些基础问题为出发点，致力于实现大数据技术能够广泛应用于治水实践，开展了如下工作：基于对大数据的认知，解析水利大数据的内涵特征；将成熟先进的大数据产品、开源软件框架及传统数据处理组件相结合，设计一整套水利大数据混合体系架构；提出符合水利业务和大数据特点的数据管理规范和应用标准；研究总结水利大数据应用场景。

一、对大数据概念的理解

国内外研究机构和企业虽然已对大数据的定义、内涵和标准进行了大量的探索和研究，但是仍没有达成一致共识。刘丽香等根据不同定义的侧重点，将大数据概念分为3类理解方式，第1类主要突出“大”，第2类主要突出“功能和作用”，第3类主要突出“价值观和方法论”。目前被普遍认可的大数据具有“5V”特点：数据规模巨大；数据种类繁杂多样；数据产生快，数据处理能力快速实时；数据价值密度低，应用价值高；真实性低。

大数据技术及应用流程主要包括以下技术。

（一）大数据采集技术

大数据采集技术是大数据技术及应用的重要基础，其智能感知主要包括数据传感、网络通信、传感适配、智能识别等体系，以及软硬件资源接入系统，同时能够把复杂且不易处理的数据转化处理为简单且易处理的数据结构类型，另外能够支持数据清洗去噪和校核处理，甄别过滤掉无用或错误的离群数据，提取有应用价值的数据。

（二）大数据存储及管理技术

大数据存储及管理技术需要用存储设备存储采集的数据，并根据数据的结构化、半结构化和非结构化结构类型及业务需求特点，建立相应的并行、高效的大数据数据库系统，以统一管理、检索、调用和互联共享海量数据。

（三）大数据分析及挖掘技术

大数据分析及挖掘技术是大数据处理流程最核心的部分，基于对象的数据连接、相似性连接等大数据融合技术，融合机器语言、人工智能、统计分析和系统建模等新型数据挖掘和知识发现技术，改进现有的数据挖掘技术及算法，突破面向特定领域的大数据挖掘技术。

（四）大数据展现与应用技术

将大数据分析及挖掘的信息和知识用多种可视化手段展现，提高各行业各领域的运转效率和集约化水平。

二、对大数据研究方法的理解

（一）传统研究方法

传统研究方法是基于机制的研究方法，分为以下 4 个步骤：

步骤 1，合理假设，适当简化。根据大量的先验知识，尽可能地深入了解研究对象的物理本质，在此基础上做出合理的假设和适当的简化，建立物理试验或数学等模型。

步骤 2，遵循机制，建立模型。物理模型的建立常需要做出一定的等值或缩微处理；数学模型的建立需要线性化、离散化处理。若缺少详细数据选择参数，就需采用一些典型参数参与后续计算。

步骤 3，模型试验，仿真计算。对水利系统来说，相关的研究包括物理模型试验、水利系统安全稳定仿真、水文模拟计算等，数模混合试验在研究大坝、水闸等水利工程建设，水循环演变规律和机制等方面发挥了重要作用。

步骤 4，分析结果，机制解释。针对试验研究、仿真和计算结果，需要做出机制性解释，有时为了支持机制解释的正确性，需要对仿真计算结果再次进行可重现的科学试验。

（二）大数据研究方法

大数据研究方法是以多源数据融合为基础，采取数据驱动的研究方法，包含以下 4 个步骤：

步骤 1，构建应用场景，提取合适用例。数据驱动方法通常将研究对象看作一个黑匣子，只需要了解输入和输出数据，便可通过一定的数据分析方法开展研究。依据一定的先验知识，对需要研究的对象或问题进行分析，建立应用场景，分解成用例，明确所需要的数据。

步骤 2，采集多源数据，强化数据融合。大数据分析方法强调数据的整体性。大数据是由大量的个体数据组成的一个整体，其中各个数据不是孤立存在的,而是有机地结合在一起的。如果把整体数据割裂开来,将会极大地削弱大数据的实际应用价值,而将零散的数据加以整理,形成一个整体,通常会释放出巨大的价值。数据融合是大数据研究过程的难点。

步骤3,面向具体对象,多维数据分析。对基于融合后的数据进行数据分析,需针对应用场景和用例,选择合适的分析方法。数据分析是大数据研究过程的关键环节。

步骤4,解读关联特性,解释水利规律。研究结果反映研究对象的内在规律性、因素的相互关联性或发展趋势,应对研究结果给予解释,需要时进行灵敏性分析。

(三)两种方法对比

物理概念清晰的传统研究方法已形成了较为系统的方法论,在科学技术发展中发挥了重要作用,但对于一个复杂的系统,存在以下局限性:

(1)在建立复杂系统的模型时,需要做出一些理想的假设和简化,在某些情况下存在着较大的误差甚至错误。

(2)对于难以基于机制建模的系统,不具有适用性。

(3)分析较片面、局部,难以反映宏观的时空关联特征。

大数据方法不依赖机制,可将历史和现在的数据综合进行分析,得到多维度宏观的时空关联特性。大数据方法目前还不成熟,尚未形成系统性方法论,需经过长期的发展完善才能发挥应有的作用。需要强调的是,大数据的出现并不意味着要取代传统业务数据,传统业务数据是大数据的重要数据来源,大数据方法能够挖掘提升传统业务数据的价值。

三、水利大数据内涵特征

以“自然-社会”二元水循环及其伴生的水生态、水环境、经济社会等过程为对象的水利多维立体感知网络的日益完善,一直在持续提升水利行业数据采集的能力,形成了能够获取时空连续的多源异构、分布广泛、动态增长的水利大数据集合,在解决水安全问题时具备了水利行业的特征,具体如下。

(一)水利大数据的体量巨大

各类传感器、卫星遥感、雷达、全球导航卫星系统(Global Navigation Satellite System,GNSS)、视频感知、手机终端等形成了“空-天-地-网”信息获取的水联网体系。全国水利行业目前拥有超过14万处雨量、河湖水位、流量、水质及地下水位等各类水利信息采集点,自动采集点所占比例超过了80%,当前省级以上水利部门存储数据资源近2.5PB,构成了海量水利数据集,如果加上与水利相关的气象、生态环境、农村农业等行业外数据,水利大数据的规模更加庞大,而且数据量增加速度很快。

(二)水利大数据的复杂多样

从数据类别看,既有来自物联网设备的水文气象、水位流量、水质水生态、水利工程等大量的监测信息,还有全国水利普查、水资源调查评价、水资源承载能力监测预警等成果,以及与水利相关的社会经济信息、生态环境数据、地质灾害数据、互联网数据等各类辅助信息,其中相互不完全独立的水利数据之间有着复杂的业务和逻辑关系。

从数据格式看,除对传统结构化数据类型的处理分析外,大数据技术能够应用与分析水利领域产生的文本(如项目报告)、图片(如卫星遥感图像)、位置(如业务人员的巡查路线)、视频(如河湖监管视频)、日志等半结构化和非结构化数据;来源于不同领域、行业、部门、系统的水利数据具有多样的格式,尚无统一标准规范这些数据的整合和合并。

(三)水利大数据的新老结合

水利管理决策不仅需要了解水利系统的历史演变规律,而且要能够预测未来发展的趋势,同时能够实时处理动态连续观测的数据,对当前状态进行预警监控。历史演变规律为预测预警和实时管理决策提供先验知识,在此基础上,结合实时监测的流式数据,快速挖掘出有用的信息,能够提高预测的准确性和管理决策的科学性。

(四)水利大数据的价值很高

水联网体系能够感知无处不在的巨量水利信息的价值密度可能相对较低,需要发展从这些数据中快速地提取有用信息的模型算法,能够通过对海量涉水数据的挖掘,实现从价值密度低的数据中获取最有用的高价值信息。有的水利业务,如洪水、内涝灾害预测预警和水利工程安全运行,要求具有很高的时效性,需要利用大数据技术对这类数据进行高效处理并及时反馈。

(五)水利大数据的差异很大

虽然各种水利传感器设备监测精度较高,但由于监测指标之间存在关联性,或者设备运行过程中可能产生噪声数据,以及不同设备性能导致记录的相同对象的数据差异较大,从而导致关注的数据可能会淹没在数据海洋中。因此,需要利用大数据技术对多途径获取的海量水利数据进行甄别筛选、过滤清洗、去伪存真,提高获取数据的精准度,使数据更加接近或描述真实的情况。

(六)水利大数据的交互性

水利大数据以其与国民经济社会广泛而紧密的联系,具有无与伦比的正外部性，价值不局限在水利行业内部，更能体现在国民经济运行、社会进步等方方面面，而发挥更大价值的前提和关键是水利行业数据同行业外数据的交互融合，以及在此基础上全方位的挖掘、分析和再现。这也能够有效地改善当前水利行业“重建不实用”的行业短板，真正体现“反馈经济”带来的价值增长。

(七)水利大数据的效能性

提高效率、增长效益是水利大数据服务于治水事业的目标，没有效率和效益的水利大数据建设是没有生命力的。与电力大数据一样，水利大数据具有无磨损、无消耗、无污染、易传输的特性，并在使用过程中不断精练而增值，在水利各个环节的低能耗、可持续发展方面发挥独特巨大的作用，从而达到节约水资源、高效利用水资源、保障水安全的目的。

(八)水利大数据的共情性

水利发展的目的在于服务公众。水利大数据天然联系着千家万户、政府和企业，推动治水思路转变的本质是体现以人为本，通过人们对高品质水需求的充分挖掘和满足，为人民群众提供更加优质、安全、可靠的水服务，从而改善人类的生存环境，提高人们的生活质量。

这些具有体量巨大、处理速度快、数据类型多样、价值密度低、复杂等大数据共性特点，同时具有交互性、效能性和共情性等行业特点的数据共同构成了水利行业的大数据集。蔡阳结合水利行业实际业务与数据现状，提出了“水利大数据”的内涵，本书在此基础上，结合水利本身的特点，丰富了水利大数据的内涵：它是水利活动产生和所需的体量巨大、类别繁多、处理快速并具有潜在价值，以及广泛交互性，能够实现高效能、深共情的所有涉水数据的总称。

在实际应用中，水利大数据的“大”是一个相对概念，除了“大”到传统数据工具无法处理分析水利数据的规模和复杂度外，水利数据还要能够全面描述水利对象的时空特征或者变化规律。水利大数据以水利数据资产管理为基础，以水利大数据平台为载体，通过新的多元水利数据集成、多类型水利数据存储、高性能水利计算和多维水利分析挖掘等技术，实现跨部门、行业、领域、系统的水利行业内外部数据的关联分析，满足水利行业的政府监管、江河调度、工程运行、应急处置、公众服务等方面的管理效率的提升和业务创新需求。

由于水利大数据具有上述特征，其研究方法与传统水利数据分析方法也有所不同。

1.传统水利业务数据

传统水利业务数据以抽样方式获取的结构化数据为主，利用统计学方法分析水利规律，从而实现对水利对象或事件的特征及性质的描述；它一般基于水利行业或部门内部的数据进行分析，以少量的水利数据描述水利事件，更多追求合理性的抽样、准确性的计算和科学性分析。

2. 水利大数据方法

水利大数据以水问题为导向，在跨行业、部门、系统的基础上，以相关的涉水数据形成对水利对象或事件的全景式描述，以数据的关联和趋势全方位地描述水利对象或事件，更多追求数据的大样本、多结构和实时性。传统的水利数据分析强调的是分析计算的精确性和事件现象的因果关系，水利大数据强调的是水利数据的全面性、混杂性和关联性，同时允许数据存在一定的误差和模糊性。从广义上讲，传统的水利数据分析方法是水利大数据的重要组成部分，实际应用时要摈弃掉为"大数据"而"大数据"的片面思想，应以能够解决水问题为选择数据分析方法的首要原则。

第二节　智慧水利大数据理论框架解析

一、水利大数据总体架构

建立水利大数据的体系架构需要从数据"产生、流动、消亡"全生命周期出发，基于 DIKW 概念链模式，根据数据的精练化和价值化过程分析水利大数据的分析流程，主要由水利数据的集成、存储、计算及业务应用等 4 个阶段组成。该流程将水利数据的治理与分布式存储、高性能混合计算与智能信息处理、探索与一体化搜索、可视化展现、安全治理等信息技术进行融合，能够形成支撑水利数据分析与处理、安全防护的基础平台。通过水利领域内外学科交叉融合的研究，建立水利领域智能化建模分析和数据服务模式，支撑水利业务管理和应用场景需求。

（一）水利数据源层

水利数据源层主要负责数据的供给和清洗，就水利行业而言，主要包括以下数据：

（1）水利业务数据。目前水利业务数据的产生和积累主要来自重大水利信息化项目、专项工作和日常工作 3 个方面。重大水利信息化项目包括国家防汛抗旱指挥系统工程、国家水资源监控能力建设、全国水土保持监测网络和信息系统等；水利专项工作包括全国水利普查、全国水资源调查评价等；日常工作主要指水利行业不同部门根据其职责开展的水利业务工作。

(2)其他行业数据。主要包括气象、自然资源、生态环境、住房和城乡建设、农村农业、统计、工业和信息化、税务等部门收集整理的数据和产品。

(3)卫星遥感影像数据。包括高分、环境、资源等国内卫星遥感影像,以及 Landsat、MODIS、Sentinel 等国外卫星遥感影像。

(4)媒体数据。包括传统和新媒体中所涉及的水利领域的民生需求、公众意见、舆论热点等信息。这些数据类型包括结构化、半结构化和非结构化数据,数据的时间维度包括离线、准实时和实时。

这 4 类数据共同构成了数据海洋,是水利大数据分析与应用的数据。

(二)水利数据管理层

水利数据管理层负责对转换和清洗后的水利大数据进行存储、组织、管理。目前采用的全国水利普查和山洪灾害调查评价结果 2 种数据模型属于准动态实时 GIS 时空数据模型,在应对高速度大数据量的水利数据流的存储、管理方面则显得无能为力,无法支持水利多传感器的快速接入,不能有效描述水利对象多粒度时空变化,更不能很好地对水利对象的多过程、多层次复合进行精确的语义表达,也不具备支撑水利多过程、多尺度耦合的动态建模和实时模拟的能力。因此,将实时 GIS 时空数据模型与水利数据模型的概念和方法相结合,发展一种包含业务属性、时空过程、几何特征、尺度和语义的水利实时时空数据模型。基于改进的水利实时动态的时空数据模型,通过水利消息总线、关系数据库、文件等接入方式将数据采集到数据源层,再利用统一的水利数据模型实现数据的存储与集成管理。水利消息总线接入是采集如传感器监测的流式水利日志和日常管理产生的水利日志等数据,水利关系数据库接入是将结构化的水利数据从关系型水利数据库迁移到水利大数据平台,水利文件接入是向上传输与水利相关的卫星遥感、社交媒体、文档、图像、视频等半结构化和非结构化文件。

(三)水利数据计算层

水利数据计算层提供水利大数据运算所需要的水利计算框架、资源任务调度、模型计算等功能,负责对水利领域大数据的计算、分析和处理等。融合传统的批数据处理体系和面向大数据的新型计算方法,通过数据的查询分析、高性能与批处理、流式与内存、迭代与图等计算,构建高性能、自适应的具有弹性的数据计算框架;遴选可以业务化的水利专业模型,整合现有成熟的基于概率论的、扩展集合论的、仿生学的及其他定量等数据挖掘算法,以及文本数据的数据挖掘算法,形成可定制、组合、调配的分析模型组件库,有效支持水利模型网的构建和并行化计算。

（四）水利数据应用层

水利数据应用层是以水利大数据存储和计算架构为支撑，基于微服务架构开发的，面向我国水资源、水灾害、水生态、水环境、水工程等治水实践需求的水利大数据应用系统的集合。应用系统利用虚拟化方法和多租户模式构建满足水利大数据平台多用户的使用，不仅能够提供结构化、半结构化、非结构化等各种类型的水利数据访问的控制方式，而且提供直观友好的水利数据图形化的编程框架，为我国水利的政府监管、江河调度、工程运行、应急处置和公共服务中的规律分析、异常诊断、趋势预测、决策优化等提供全方位的技术支撑。此外，还能向第三方提供安全可控的水利数据开放等功能。

二、水利大数据平台功能架构

水利大数据平台功能架构设计可用于规范和定义水利大数据平台在运行时的整体功能流程及技术选型，水利大数据平台可整合水利行业数据，融合相关行业和社会数据，形成统一的数据资源池，通过多元化采集、主体化汇聚构建全域化原始数据，基于“一数一源、一源多用”原则，汇聚全域数据，开展数据治理，形成标准一致的基础数据资源。在此基础上，构建具备开放性、可扩展性、个性化、安全可靠、成熟先进的水利大数据分析服务体系，并具备面向社会的公共服务能力。

围绕水利大数据分析应用生态圈，从底层基础设施水利数据集成、存储、计算、分析、可视化5个层面，以及水利系统安全和运维2个保障功能，将先进的技术、工具、算法、产品无缝集成，构建水利大数据分析与应用平台功能架构。具体功能架构分析如下。

（一）水利数据集成

如果对来源极其广泛和类型极为复杂的水利大数据进行处理，首先必须从源数据体系中抽取出水利对象的实体及它们之间的关系，依据时空一致性原则，按照水利对象实体将不同来源的数据进行关联和聚合，并利用统一定义的数据结构对这些数据进行存储。数据集成和提取的数据源可能来自多个业务系统，因此避免不了有的数据是错误数据，有的数据之间存在冲突，这就需要通过检查数据一致性，处理无效值和缺失值等数据清洗流程，将存在的“脏数据”清洗掉，以保证数据具有很高的质量和可信性。在实际操作中，通过改进现有ETL采集技术，融合传感器、卫星遥感、无人机遥感、网络数据获取、媒体流获取、日志信息获取等新型采集技术，完成水利行业、行业外和日常业务产生的数据等多源、多元、多维数据的解析、转换与转载。

(二)水利数据存储

可以利用已成为大数据磁盘存储事实标准的分布式文件系统(HDFS)存储数字水利中的海量数据。水利行业数据在应用中不同业务具有不同的业务特点,有的业务对数据的实时性要求很高,而有的业务的数据更新频次不高,有的业务产生的数据可能以结构化数据为主,有的业务产生的数据可能以半结构化或非结构化数据为主。因此,需要根据水利业务的性能和分析要求对水利数据进行分类存储。实时性要求高的水利数据,可以选用实时或内存数据库系统进行存储;核心水利业务数据,可以选用传统的并行数据仓库系统进行存储;水利业务中积累的长系列历史和非结构化的数据,可以选用分布式文件系统进行存储;半结构化的水利数据,可以选用列式或键值数据库进行存储;水利行业的知识图谱,选用图数据库进行存储。

(三)水利数据计算

根据水利业务应用需求,通过从查询分析,以及高性能与批处理、流式与内存、迭代与图等计算中对计算模式进行选择或组合,以提供面向水利业务的大数据挖掘分析应用所需要的实时、准实时或离线计算。

(四)水利数据分析

水利数据分析是数字水利大数据的核心引擎,水利大数据价值能否最大化取决于对水利数据分析的准确与否。水利数据分析方法包括传统的数据挖掘、统计分析、机器学习、文本挖掘及其他新兴方法(如深度学习)等。需要利用水利大数据分析方法建立模型,发挥关联分析能力,还应建立水利行业机制模型,充分发挥因果分析能力,实现两者的相互校验、补充,共同构成水利数据分析的基础。通过融合、集成开源分析挖掘工具和分布式算法库,实现水利大数据分析建模、挖掘和展现,支撑业务系统实时和离线的分析挖掘应用。

(五)水利数据可视化

利用图形图像处理、计算机视觉、虚拟现实设备等,对查询或挖掘分析的水利数据加以可视化解释,在保证信息传递准确、高效的前提下,以新颖、美观的方式,将复杂高维的数据投影到低维的空间画面上,并提供交互工具,有效利用人的视觉系统,允许实时改变数据处理和算法参数,对数据进行观察和定性及定量分析,获得大规模复杂数据集隐含的信息。按照不同的类型,数据可视化技术分为文本、网络(图)数据、时空数据、多维数据的可视化等。

(六)水利系统安全

解决从水利大数据环境下的数据采集、存储、分析、应用等过程中产生的,诸如身份验证、用户授权和输入检验等大量安全问题;由于在数据分析、挖掘过程中涉及各业务的核心数据，防止数据泄露和控制访问权限等安全措施在大数据应用中尤为关键。

（七）水利系统运维

通过水利数据平台服务集群实行集中式监视、管理，对水利大数据平台功能采用配置式扩展等技术，可解决大规模服务集群软、硬件的管理难题，并能动态配置调整水利大数据平台的系统功能。

三、水利大数据平台技术架构

水利大数据核心平台基于 Hadoop、Spark、Stream 框架的高度融合、深度优化，实现高性能计算，具有高可用性。具体架构如下：

（1）数据整合方面，主要采用 Hadoop 体系中的 Flume、Sqoop、Kafka 等独立组件。

（2）数据存储方面，在低成本硬件（x86）、磁盘的基础上，选用分布式文件系统（如 HDFS）、分布式关系型数据库（如 MySQL、Oracle 等）、NoSQL 数据库（如 HBase）、数据仓库（如 Hive）、图数据库（如 Neo4J），以及实时、内存数据库等业界典型系统。

（3）数据分析方面，集成 Tableau、Pluto、R、Python 语言环境，实现数据的统计分析及挖掘能力。

（4）应用开发接口方面，集成 Java 编程，CLI、FTP、WebHDFS 文件，ODBC/JDBC 数据库，R 语言编程，Python 语言编程等接口。

（5）水利分析模型方面，基于大数据和传统分析方法，建立气象模拟预报、洪水模拟预报、干旱模拟预测、水资源数量评价、水资源质量评价、水资源配置和水资源调度等模型。

（6）监控管理方面，利用 Ganglia，实现集群、服务、节点、性能、告警等监控管理服务。

（7）可视化展现方面，基于 GIS、Flash、Echart、HTML5 等构建可视化展示模块，还可以结合虚拟仿真技术，构建基于三维虚拟环境的可视化模块。

四、水利大数据平台部署架构

在基础设施部署架构及容量规划方面，参考全球能源互联网电力大数据省级平台的部署模式，水利大数据平台集群主要由数据存储、接口、集群管理和应用等服务器组成，支持存储与计算混合式架构，以及广域分布的集群部署与管理。对于七大流域机构和各省级行政区，每个流域或省级行政区的集群

由 n 台（数量 n 可以根据实际数据量的存储和分析模型的计算等需求确定）x86 服务器和 1 台小型机组成。其中核心数据集群由（n−5）台服务器构成；剩余的 5 台服务器中，3 台服务器组成消息总线集群，部署包括消息队列及文件传输协议传输入库等集群，1 台服务器作为用户认证和访问节点，1 台服务器作为 ODBC/JDBC 及 Web HTTP/REST 服务节点；小型机作为关系型及时间序列等数据库的节点。

五、水利大数据分析架构

（一）实时分析架构

在水资源、水生态、水环境、水灾害、水工程等监测与状态评估业务中，涉及在线监测、试验检测、日常巡视、直升机或无人机巡视和卫星遥感等数据，实时获取涉水监测与状态的流数据，利用分布式存储系统的高吞吐，实现海量监测与状态数据的同步存储；利用事先定义好的业务规则和数据处理逻辑，结合数据检索技术对监测与状态数据进行快速检索处理；利用流计算技术，实时处理流监测与状态数据，根据流计算结果，实现实时评估和趋势预测，对水安全状态正确评价，指导对事件状态的决策处理，准确识别水安全问题，实现异常状态报警，对极端条件下水安全进行预警，为水灾害防治提供决策支撑。

（二）离线分析架构

针对水空间规划、水工程运行过程中产生的海量异构和多态的数据具有多时空、多来源、混杂和不确定性的特点，分析水空间规划数据的种类和格式多样性，建立统一的大数据存储接口，实现水空间规划离线数据的一体化分布式快速存储。

在离线数据一体化存储的基础上，建立数据分析接口，提供对水空间规划数据统计处理任务的支撑，进一步满足水空间规划计算分析、水安全风险评估及预警等高级应用系统的数据要求，为管理层制订优化的决策方案并提供科学合理的依据。

第三节　智慧水利大数据关键技术体系

通过分析国内外大数据相关标准，并结合水利大数据技术、产品和应用需求，形成能够全面支撑水利大数据的技术研究、产品研发、试点建设的水利大数据标准体系，以规范水利系统中的水利大数据产生、流动、处理和应用等过程，重点涵盖大数据基础概念、采集、存储、计算、分析、展示、质量控制、安全防护、服务等方面,适用于水利大数据平台建设和相关标准编制。水利大数据标准体系见表 4-1。

表 4-1　水利大数据标准体系

序号	标准分类	标准名称
1	水利大数据基础标准	《水利大数据术语》 《水利大数据参考模型》
2	水利大数据采集与转换标准	《水利信息采集转换规范》 《水利视频监控信息采集转换规范》 《水利空间信息采集转换规范》
3	水利大数据传输标准	《水利通信协议应用层规范》 《水利通信系统建设规范》
4	水利大数据存储与管理标准	《水利大数据模型标准》 《水利大数据分布式存储系统设计规范》 《水利大数据虚拟化存储系统设计规范》
5	水利大数据处理与分析标准	《水利大数据商业智能工具应用规范》 《水利大数据可视化工具应用规范》 《水利大数据挖掘标准规范》
6	水利大数据质量标准	《水利大数据质量控制规范》 《水利大数据质量评估准则》
7	水利大数据安全标准	《水利大数据安全技术规范》 《水利大数据隐私防护规范》
8	水利大数据服务标准	《水利大数据开放数据集成规范》 《水利大数据业务数据集成规范》 《水利大数据平台服务接口规范》

具体标准分析如下。

一、水利大数据基础标准

水利大数据基础标准规定水利大数据相关的基础术语、定义,保证对水利大数据相关概念理解的一致性;从数据生存周期的角度,提出水利大数据技术参考模型,指导水利大数据模型搭建。

二、水利大数据采集与转换标准

水利大数据采集与转换标准规定水利大数据平台上所采集的水利数据的基本内容（如水资源、水灾害、水生态、水环境、水工程等）与属性结构，主要水利数据要素的采集方法（如传感器数据、传统关系型数据库并行、ETL 数据、消息集群数据等的接入）及其技术要求，适用于各类水利信息的采集、处理、更新和转换全过程，规范水利大数据的数据采集接口及转换流程。

三、水利大数据传输标准

水利大数据传输标准在参考《水文监测数据通信规约》（SL 651—2014）、《水资源监测数据传输规约》（SL/T 427—2021）等行业标准的基础上，考虑卫星遥感、移动终端、视频监控等新型采集手段，以及已有采集设备与 IPv6 和 5G 的融合需求，规定支撑数字水利的信息通信的传输模式和协议，满足大数据环境下大容量水利数据高实时性、高可靠性传输的要求。

四、水利大数据存储与管理标准

水利大数据存储与管理标准在参考水利行业标准《水利数据库表结构及标识符编制总则》（SL/T 478—2021）、《水文数据库表结构及标识符》（SL 324—2019）、《水资源监控管理数据库表结构及标识符标准》（SL 380—2007）等基础上，对已有存储与管理标准的业务，需要增加对半结构化和非结构化数据的存储及管理的内容；对没有存储与管理标准的业务，按照水利大数据的特点对业务数据的存储与管理提出新的标准。该类标准主要规范水利大数据不同数据源的结构化、半结构化和非结构化数据的存储及管理，满足海量水利数据的大规模存储、快速查询和高效计算分析的读取需求。

五、水利大数据处理与分析标准

水利大数据处理与分析标准规定水利大数据的商务智能分析和可视化等工具的技术及功能的规范，用于水利大数据计算处理分析过程中的各项技术指标决策。

六、水利大数据质量标准

水利大数据质量标准规定水利大数据平台上水利数据采集、传输、存储、交换、处理、展示等全过程的质量控制方法和全面的评价指标，并提出对水利大数据成果的测试方法和验收要求。

七、水利大数据安全标准

水利大数据安全标准以数据安全为核心，围绕数据安全，需要技术、系统、平台方面的安全标准，以及业务、服务、管理方面的安全标准支撑，提出个人信息隐私保护的管理要求和移动智能终端个人信息保护的技术要求。

八、水利大数据服务标准

水利大数据服务标准规定水利大数据平台上水利数据服务的模式、内容和方式，制定水利数据开放的管理办法，提出水利大数据平台与外部系统之间交互的数据、文件、可视化等服务接口规范。

第四节　智慧水利大数据智能应用模式

一、水资源智能应用

围绕最严格的水资源管理制度落实、节水型社会建设、城乡供水安全保障等重点工作，在国家水资源监控能力建设、地下水监测工程的基础上，扩展业务功能，汇集涉水大数据，提升分析评价模型智能水平，构建水资源智能应用，支撑水资源开发利用、城乡供水、节水等业务。

二、水环境水生态智能应用

围绕河湖长制、水域岸线管理、河道采砂监管、水土保持监测监督治理等重点需求，在全国河长制管理信息、水土保持监测和监督管理、重点工程管理等系统基础上，运用高分遥感数据解译、图像智能、数据智能等分析技术，构建水环境水生态智能应用，支撑江河湖泊、水土流失等业务。

三、水灾害智能应用

围绕水情旱情监测预警、水工程防洪抗旱调度、应急水量调度、防御洪水应急抢险技术支持等重点工作，在国家防汛抗旱指挥、全国重点地区洪水风险图编制与管理应用、全国山洪灾害防治非工程措施监测预警、全国中小河流水文监测等系统基础上，运用分布式洪水预报、区域干旱预测等水利专业模型，提高洪水预报能力，开展旱情监测分析，强化水情旱情预警，强化工程联合调度，构建水灾害智能应用，支撑洪水、干旱等业务。

四、水工程智能应用

围绕工程运行管理、运维，项目建设管理、市场监督等重点工作，在水利工程运行、全国水库大坝基础数据、全国农村水电统计信息、水利规划计划等管理系统，以及水利建设与管理信息系统、全国水利建设市场监管服务平台、水利安全生产监管信息系统的基础上，强化运行全过程监管，推荐建设全流程管理，加强建设市场监管，构建水工程智能应用，支撑水利工程安全运行、建设等业务。

五、水监督智能应用

围绕监管信息预处理、行业监督稽查、安全生产监管、工程质量监督、项目稽查和监督决策支持等重点工作，在水利安全生产监管信息化系统的基础上，以“水利一张图”为抓手，提升发现问题能力，提高问题整改效率，强化行业风险评估，构建水监督智能应用，支撑水利监督等业务。

六、水行政智能应用

围绕资产、移民、项目规划、财务、移民与扶贫、机关事务等行政事务管理需求，优化完善现有系统，利用水利大数据的人工智能等技术支撑，构建水行政智能应用，实现智慧资产监管，移民、扶贫智能监管，项目智能规划，智慧机关建设，财务智能管理。

七、水公共服务智能应用

围绕政务服务全国“一网通办”，加快政府供给向公众需求转变的核心需求，以社会公众服务为导向，做好已取消或下放审批事项的事中、事后监督，以多元化信息服务为抓手，构建水公共服务智能应用。运用移动互联、虚拟/增强现实、“互联网+”、用户行为大数据分析等技术，创新构建个性化水信息、动态水指数、数字水体验、水智能问答、一站式水行政等服务，全面提升社会各界的感水治水能力、节水护水素养、管水治水服务水平。

第五节　数字孪生流域建设技术

一、数字孪生流域建设

推进数字孪生流域建设是贯彻落实习近平总书记重要讲话指示精神和党中央、国务院重大决策部署的明确要求，是适应现代信息技术发展形势的必然要求，是强化流域治理管理的迫切要求。数字孪生流域和数字孪生水利工程建设是推动新阶段水利高质量发展的实施路径和最重要标志之一，是提升水利决策管理科学化、精准化、高效化能力和水平的有力支撑。

数字孪生流域是以物理流域为单元、时空数据为底座、数学模型为核心、水利知识为驱动，对物理流域全要素和水利治理管理活动全过程的数字化映射、智能化模拟，实现与物理流域同步仿真运行、虚实交互、迭代优化。

要按照“需求牵引、应用至上、数字赋能、提升能力”的要求，以数字化、网络化、智能化为主线，以数字化场景、智慧化模拟、精准化决策为路径，以算据、算法、算力建设为支撑，加快推进数字孪生流域建设，实现预报、预警、预演、预案功能。

2021 年年底，水利部先后印发《关于大力推进智慧水利建设的指导意见》《“十四五”期间推进智慧水利建设实施方案》。指导意见要求，到 2025 年，通过建设数字孪生流域、“2+*N*”水利智能业务应用体系、水利网络安全体系、数字水利保障体系，推进水利工程智能化改造，建成七大江河数字孪生流域等内容。

2022 年 3 月 22 日，水利部审议《数字孪生流域建设技术大纲（试行）》《数字孪生水利工程建设技术导则（试行）》《水利业务“四预”基本技术要求（试行）》和《数字孪生流域共建共享管理办法（试行）》。

2022 年 4 月 20 日，水利部研究部署数字孪生流域建设先行先试工作，并于近日印发《数字孪生流域建设先行先试台账》（简称《台账》）。《台账》共涉及 56 家单位，包括水利部信息中心、7 个流域管理机构、31 个（省、自治区、直辖市）水利（水务）厅（局）、5 个计划单列市水利（水务）局、新疆生产建设兵团水利局及 11 个工程管理单位。《台账》共确定了 94 项任务，包括 46 项数字孪生流域建设任务、44 项数字孪生水利工程建设任务及 4 项水利部本级任务；在流域层面，长江流域有 22 项任务，黄河流域有 17 项任务，淮河流域有 9 项任务，海河流域有 9 项任务，珠江流域有 10 项任务，松辽流域有 7 项任务，太湖流域有16项任务。

数字孪生技术在城市管理、交通、能源、制造业等领域都有一定的应用。在智慧城市建设领域,数字孪生技术助力实现城市规划、建设、运营、治理、服务的全过程、全要素、全方位、全周期的数字化、在线化、智能化,可提高城市规划的质量和水平,推动城市发展和建设。在智慧能源领域,数字孪生技术应用于能源开发、生产、运输、消费等能源全生命周期,使其具有自我学习、分析、决策、执行的能力。在智能制造领域,将设计设备生产的规划从经验和手工方式,转化为计算机辅助数字仿真与优化的精确可靠的规划设计,以达成节支降本、提质增效和协同高效的管理目的。在智慧水利领域,应用数字孪生技术进行洪水仿真,以及利用数据底板建设数字孪生流域等也形成了初步的应用。在淮河流域防洪"四预"试点应用中,应用了数字孪生技术展现了数字流场的概念和视觉效果,直观反映王家坝洪水态势及蒙洼蓄洪区分洪过程。数字孪生黄河、数字孪生珠江以构建数字孪生流域、开展智慧化模拟、支撑精准化决策作为实施路径,数字孪生技术作为其中的技术支撑。在海河流域防洪"四预"试点中,通过智能感知、三维建模、三维仿真等技术实现数字流域和物理流域数字映射,形成流域调度的实时写真、虚实互动。数字孪生技术在防洪领域已经有了初步的应用,也是防洪"四预"应用的重要支撑技术,因而对相关技术进行研究十分必要。但由于数字孪生技术是新兴技术,其涉及技术领域广,相关技术也正在同步快速发展,同时防洪"四预"应用领域的数字孪生技术研究也存在一定难度。目前来说,防洪"四预"应用领域的数字孪生技术还处于概念阶段,相关边界和规范尚不明晰,比如数字孪生流域建设的内容和标准还不够明确。另外,数字孪生技术在防洪"四预"领域的具体应用尚不充分,目前数字孪生技术在流域实时监测,洪水场景虚拟仿真方面有一定的应用,在调度控制、智能决策等方面的应用尚需进一步的研究和发展。中国水利水电科学研究院在淮河流域、海河流域进行了防洪"四预"相关的试点应用,本书在前期试点应用的基础上,梳理防洪"四预"领域的主要数字孪生技术和应用方面,探索智慧水利建设的技术和方法。

数字孪生流域共建共享应遵循以下原则。

(一)整体谋划,协同推进

按照水利部印发的《关于大力推进智慧水利建设的指导意见》《智慧水利建设顶层设计》《"十四五"智慧水利建设规划》等顶层设计,坚持"全国一盘棋",在水利部的统筹谋划和组织下,各单位分工协作、有序推进数字孪生流域建设。

(二)流域统筹,不漏不重

按照强化流域治理管理"统一规划、统一治理、统一调度、统一管理"要求,以流域为单元,加强对流域内省级水行政主管部门数字孪生流域建设的统筹协调,明确任务分工,发挥各方优势,避免应建未建或重复建设情况。

(三)统一标准,有序共享

遵循数字孪生流域建设的有关技术要求,围绕水利治理管理活动、数字孪生流域建设和应用实际需要,按照"一数一源"合理有序共享数字孪生流域建设成果,确保共享数据的统一性、时效性和同步性,保障各单位建设成果能够集成为有机整体,并满足水利部指挥调度的要求。

(四)整合集约,安全可靠

按照"整合已建、统筹在建、规范新建"的要求,充分利用现有各类信息化资源和共享的有关数字孪生流域建设成果,实现信息化资源集约节约利用。切实推进国产化软硬件应用,提升网络风险态势感知预判和数据安全防护能力,确保数字孪生流域共建共享安全。

二、技术框架

防洪"四预"应用一项重要的工作就是数字孪生流域建设,并在数字孪生流域的基础上开展各类防洪业务应用。数字孪生流域实现物理流域的精准映射,实现数字流域和物理流域的虚实交互,通过智能干预实现流域防洪调度的智能化决策。关于数字孪生流域建设方面,水利部已经发布《数字孪生流域建设技术大纲(试行)》《数字孪生水利工程建设技术导则(试行)》《水利业务"四预"功能基本技术要求(试行)》等文件,规范了数字孪生流域建设内容和技术标准。根据防洪"四预"应用系统实践和数字孪生技术的相关研究,提出防洪"四预"数字孪生技术框架。

在数字孪生技术框架中,物理流域和数字流域构建成了一对"孪生体"。物理流域是现实中的流域,而数字流域则是利用地理信息系统(GIS)、虚拟现实(VR)、算法模型、人工智能等技术构建起来的虚拟流域,物理流域和数字流域之间通过数字孪生技术构成"虚实映射"的"孪生体"。区别于传统方法通过人工观测或控制直接作用于现实对象,在数字流域中用户可以通过孪生的数字流域来监控、决策和控制物理流域。"虚实映射"的数字孪生应用由数字孪生应用支撑层来提供应用支撑,这些应用支撑包括"算法""算例""算力"的支撑。其中,网络传输层接收物理流域的实时监测信息并映射到数字流域中,同时可将数字流域中用户的调度控制信息传送到物理流域的控制设备上。数据底板包括高精度DEM(Digital Elevation Model)、DOM(Digital Orthophoto Map)、BIM等数据资源,是用来构建数字流域场景的基础数据,形成数字流域的"算例"支撑。算力支撑是对数字流域的高性能计算支持,能够满足数字流域计算分析的实时性需求,使"虚实映射"能够同步呼应。算法及仿真支撑是数字孪生流域的核心部分,负责在数字流域模拟各类防洪"四预"应用场景下的物理流域的状态及变化,并通过尽可能接近现实的虚拟仿真技术展现出来,让用户能够有身临其境的感受。数字孪生技术框架阐述了物理流域、人类、数字流域之间的关系,是防洪"四预"应用的基础技术框架。

三、职责分工

(一)水利部的主要职责

(1)水利部网络安全与信息化领导小组负责贯彻落实国家信息化战略要求和水利部推进数字孪生流域建设工作部署,决策有关重大事项。领导小组办公室(简称部网信办)与有关司局按照职责分工,负责指导、组织、协调和监督检查等相关工作。

(2)负责编制数字孪生流域建设总体方案,并组织实施数字孪生流域国家级平台建设。

(3)负责审核流域管理机构数字孪生流域建设方案。

(4)负责向流域管理机构、省级水行政主管部门和有关水利工程管理单位提供相关建设成果共享。

(二)流域管理机构的主要职责

(1)明确推进数字孪生流域共建共享领导机构及具体组织协调机构,组织协调、监督检查所辖范围内数字孪生流域和流域统一调度水利工程的数字孪生水利工程建设情况,研究解决有关问题。

(2)负责编制大江、大河、大湖及主要支流、跨省(自治区、直辖市)主要河流的数字孪生流域(含直管水利工程)建设方案,并组织实施。

(3)负责审核所辖范围内流域统一调度水利工程数字孪生水利工程和省级水行政主管部门有关数字孪生流域建设方案。

(4)负责向水利部、流域内省级水行政主管部门和有关水利工程管理单位提供相关建设成果共享。

(三)省级水行政主管部门的主要职责

(1)明确推进本区域数字孪生流域共建共享领导机构及具体组织协调机构,组织协调、监督检查所辖范围内数字孪生流域(水利工程)建设情况,研究解决有关问题。

（2）负责编制所辖范围内主要河湖数字孪生流域（含直管水利工程）的建设方案，并组织实施。

（3）负责审核所辖范围内数字孪生水利工程的建设方案。

（4）负责向水利部、有关流域管理机构和水利工程管理单位提供相关建设成果共享。

（四）水利工程管理单位的主要职责

（1）负责编制所辖水利工程数字孪生水利工程的建设方案，并组织实施。

（2）负责向水利部、所在流域管理机构、有关省级水行政主管部门提供相关建设成果共享。

四、核心数字孪生技术

在防洪"四预"应用中实现数字流域和物理流域的"虚实映射"应用，需要多项技术来支撑。数字流域模拟系统模拟物理流域的各类水文现象，"孪生体"状态同步技术保持数字流域和物理流域的状态统一，数字化场景技术将模拟的数字流域直观展现给用户，"算力"提升技术则是"虚实映射"用户体验的性能保障。

（一）数字流域模拟系统

降雨、产流、洪水演进、溃坝、水利工程调度等在物理流域的各类涉水相关现象，在数字流域中同步模拟出来，则需要通过专业的数字流域模拟系统来完成。数字流域模拟系统中，模拟降雨、辐射、蒸散发、下渗等陆面过程使用陆面水文过程模型，目前有中国水利水电科学院的时空变元分布式水文模型，以及 VIC（Variable Infiltration Capacity）、PRMS（Precipitation Runoff Modeling System）等知名陆面过程模型可以实现全流域的水文模拟。还有其他产汇流模型诸如新安江模型、前期影响雨量模型（API）等也可以支持水文过程的模拟。模拟洪水在河道里、蓄滞洪区、城市内涝区域的演进需要使用到一、二维水动力学、管网模型等，水动力学模型有 DHI 公司的 MIKE11 和 MIKE21 模型软件，以及中国水利水电科学院的 IFMS（Integrated Flood Modeling System）软件平台等。在数字流域中模拟各类涉水现象，除水文、水动力学模拟外，还需要能够模拟流域水工程调度控制的水工程调度模型，模拟降雨分布的人工智能模型，模拟机电设备运行的物理模型等。可见，没有数字流域模拟系统就无法在数字流域中模拟物理流域的各类涉水现象，无法实现从"实"到"虚"的对应，所以数字流域模拟系统是数字孪生技术的核心技术之一。

（二）"孪生体"状态同步

数字流域的模型系统在不断地模拟物理流域的各类状态，但数字流域模拟系统长时间运行后会出现状态漂移现象。数字流域模拟结果偏离物理流域的状态导致"虚实"不对应，因而需要持续地将物理流域监测到状态数据，通过网络传输到数字流域中，通过实时校正技术将物理流域状态同化到数字流域中，从而形成"虚实映射"的数字流域。实时校正技术有传统的误差自回归、基于K最邻近算法（KNN）的非参数校正及基于Kalman滤波的多断面校正法等，各类校正技术适用于不同的模型算法。"孪生体"状态同步实现的主要难点是物理流域监测状态数据和数字流域的状态数据在时间、空间尺度上的不匹配。空间尺度上不匹配，表现为物理流域的监测站点比较少，状态数据分散，但数字流域的模拟是精细化网格，需要高分辨率的状态数据。时间尺度上不匹配表现为，物理流域一般监测为1 h尺度的状态量，而数字流域的时间尺度则更小（如10 s尺度）。为了时、空尺度相一致，在空间尺度上，可对物理流域的状态数据进行空间插值来匹配分辨率更高的数字流域，使二者尺度一致。时间分辨率不相同时不用进行插值匹配，二者在相同的时间点进行状态同步即可，必要时通过插值将二者的状态数据统一到相同的时间点。更好的办法是从物理流域中获取更高时空分辨率的状态数据，比如利用现代遥感技术获取高时空、高分辨率的土壤湿度、水面等实时状态数据映射到数字流域中，实现用精细化的数据去同步数字流域的状态。通过"孪生体"状态同步技术让数字流域和物理流域保持统一，让数字流域能持续、准确地反映出物理流域的状态及变化是"虚实映射"的重要技术之一。

（三）数字化场景

数字化场景技术是通过三维GIS、VR、粒子效果等技术将数字流域以虚拟现实的方式展现给用户，从而让用户可以通过数字流域来监控、分析和控制物理流域。

目前虚拟现实有多种技术手段，如VR、增强虚拟现实技术（AR）、混合现实技术（MR）、扩展现实技术（XR）等。虚拟现实一方面需要高精度的数据底板支撑，另一方面需要支持虚拟现实的平台支撑。虚拟现实平台如Cesium、UE4、X3D等，其中Cesium是支持B/S环境中的各类三维场景渲染，UE4或UE5能够更加真实地模拟现实世界。数据底板方面，需要高精度的DEM、DOM、BIM模型等数据支撑。在中国水利水电科学研究院试点建设的数字孪生流域中，以高精度DEM（2 m）、DOM（0.1 m）、河底地形及沿河倾斜摄影和水利工程BIM模型等构建了淮河流域王家坝至正阳关段的数字底板。在该试点应用中，虚拟现实平台使用了 Cesium 平台，除了加载上述高精度的数字底板数据构建三维场景以外，还利用粒子技术模拟降雨、洪水演进等虚拟现实效果，以及通过 BIM 模型的控制模拟工程调度（如开闸放水），初步满足了当前阶段洪水场景的虚拟现实需求。虚拟现实是数字孪生的核心技术之一，直接承载着各类防洪“四预”应用，也是提升用户使用体验最重要的部分。虚拟现实技术应用还处于初级阶段，还需要通过不断的研究，从而拓展出适应范围更广、更加逼真、渲染效率更高的数字化场景技术。

（四）“算力”提升

孪生物理流域的模型系统、虚拟现实渲染等涉及大量的计算，如果不能实时或近实时地完成相应的计算，则不能同步数字流域和物理流域二者的状态。如在数字流域中模拟蓄滞洪区洪水演进的二维水动力模型有数万个网格单元，相应的模型计算量很大，如果不能高效计算，一方面不能实时形成“虚实映射”的“孪生体”，另一方面缓慢的系统响应将给用户带来不好的使用体验。实现“算力”提升的技术有分布式计算、MPI（Message Passing Interface）、多线程、GPU（Graphics Processing Unit）加速、云计算等，各类高性能计算技术适应于不同的计算场景。中国水利水电科学院的时空变元分布式水文模型采用分布式并行加速技术，其将模型计算任务分配到多台服务器上并行计算以提升模型整体计算效率；IFMS 平台中一维、二维水动力学模型采用有限体积法，其采用 GPU 加速技术进行提升模型的计算效率，数十万个网格在 Tesla V100 的 GPU 处理器上实现秒级计算。高性能计算的实现，一方面需要算法上的改进，比如粒子群法、SCE-UA 算法可以实现快速收敛的优化算法，以及改进的水动力学模型支持 GPU 加速计算；另一方面需要提高硬“算力”，如增加硬件资源的数量或质量。“算力”提升是数字孪生流域模拟的性能保障，也是数字孪生的重要技术之一。

第六节　数字孪生水利工程建设技术

当前，我国治水工作的总基调已转变为水利工程补短板和水利行业强监管。而水利信息化作为“补短板和强监管”的重要措施之一，经过多年建设，已取得了长足发展。我国的水利工程信息化系统基础感知及远程集中监视控制系统已初具规模，业务应用系统已逐步完善，为水利工程运行管理人员提供了高效、便捷、可靠的管理手段。

但是，如何将现有的信息化系统与经典水文、水利、水质等理论充分结合，为工程运行管理提供科学决策，仍然是“信息水利”向“数字水利”跨越中需要解决的重要问题。数字孪生技术为解决这一问题带来了曙光，该技术在物理世界和虚拟世界之间建立了一道桥梁，可将经典水文、水利、水质理论与水利工程信息化系统深度融合，解决“数字水利”中的科学决策问题。

一、对水利工程数字孪生技术的理解

在工业领域，数字孪生技术并不是一种全新的技术，它是系统建模与仿真应用的重要形式，是在物联网技术提供了便捷采集和可靠传输能力、大数据技术提供了海量数据存储分析能力、云计算技术提供了强大的计算能力、人工智能技术提供了强大的推理分析能力的技术背景下，系统建模与仿真应用技术发展的新阶段。数字孪生技术通过数字化的手段构建了一个与物理世界同样的虚拟体，从而实现对物理实体的了解、分析、预测、优化、控制决策。

对于运维阶段的水利工程数字孪生技术来讲，信息化系统提供了工程的运行状态信息，例如闸阀开关状态、气象水情信息、结构应力应变信息、水质信息等，这些信息在一定程度上，反映了真实世界中的水利工程的运行状态。而基于工程建设阶段的设计资料，例如水工建筑物设计图、闸泵站结构设计图等，利用经典的水文、水利、水质分析理论，并借助地理信息、建筑信息模型等技术，则可在计算机中搭建物理实体对应的虚拟体。基于虚拟体，可对物理实体的变化规律进行预测，并验证、优选调度运行决策。

二、水利工程数字孪生技术的架构设计

水利工程数字孪生技术就基础组成来讲，主要分为两个部分，即物理实体和虚拟体。物理实体提供水利工程的实际运行状态给虚拟体，虚拟体以物理实体的真实状态为初始条件或边界约束条件进行决策模拟仿真。经决策仿真验证后的操作方案将会反馈到物理实体的信息化系统，从而实现对物理实体（如闸、泵等设备）的控制操作。

物理实体从广义上讲包括信息化系统和数据质量管理系统。信息化系统主要包括闸泵监控、水情监测、工程安全监测、水质监测等系统。物理实体的状态数据来源于信息化系统的监控采集值，但由于传感器异常、通信故障等原因，工程上一般会出现监控采集值的异常，导致监控采集值并不能反映物理实体的真实状态，这将导致虚拟体的决策错误。因此，物理实体还应包含专门的数据质量管理系统，以自动筛选、剔除异常数据，并提供人机交互的数据修正功能。

虚拟体从广义上讲包括数字模型和决策算法。数字模型主要包括产汇流模型、河网水动模型、水质模型等，以及黑箱模型，如神经网络模型、时间序列模型等。但是，仅有数字模型还不足以支撑对水利工程的调度决策，因此对虚拟体来讲，还必须有决策算法做支撑，以及能满足大规模并行计算的技术手段。其中，决策算法不仅包括传统的线性规划、动态规划算法等，还包括遗传算法、粒子群算法等智能算法。

三、水利工程数字孪生技术的关键问题

水利工程数字孪生技术并不是一项全新技术，以往的水利工程实时在线仿真决策系统都可以视为其雏形，根据这些项目的建设经验，水利工程数字孪生技术要真正落地，解决“数字水利”的科学决策，应该在建设过程中关注解决以下关键问题。

（一）数据质量管理

数据是虚拟体模拟仿真和决策的依据，虚拟体中的数字模型往往需要信息化系统提供的几十个甚至上百个采集数据作为初始条件或边界约束条件。但是，水利信息化系统采集的原始数据往往夹杂着随机的误差和噪声，这些误差和噪声将影响数字孪生体决策的准确性。例如，将错误的水位数据采集值作为初始条件代入圣维南方程组，那么计算的结果将无法达到预期。

因此，数据质量管理是水利工程数字孪生系统建设中的重要内容。数据质量管理系统应具备强健的数据容错管理机制，保证提供给虚拟体的数据是物理实体的真实状态。

（二）数字模型的构建

对于数字模型的构建，首先需要解决模型边界问题。大多数水利工程在自然界并不存在天然的边界，它的实际运行工况与工程范围之外的系统（如水系）存在着较强的耦合关系。因此，对虚拟体中的数字模型，需要设定合理的边界条件，只有在合理的边界条件下，数字模型才会反映物理世界中水利工程的真实性能。

其次，要解决数字模型的参数率定问题。水利工程一般都有明确的基础参数，如河道断面形状、长度等，但是河道糙率、闸门过流系数等则需要凭借人工经验调整。在云时代，基于公有云或私有云提供的海量算力，可用智能算法对这些参数进行整体率定。例如，基于信息化系统采集的历史数据，在云端利用智能算法可同时率定同一渠段的多个闸门的过流系数。

再次，模型选用的问题。在传统的水文、水利、水质模型建模的基础参数

不可得,或者模型效果不好的情况下,可以基于历史数据用深度学习模型做局部模型的替代。在某些情况下,这会取得较好的效果,但深度学习模型有一个缺陷,那就是对已有的经验数据学习效果很好,但是当新输入的数据超过它的经验数据范围后,输出的结果就无法把控,也就是说深度学习模型的输入输出不能超越它的经验范围。这也是在大云物移时代,必须更加重视传统的水文水利模型和回归分析等技术手段,而不能单单用基于历史数据的深度学习去做数字模型的原因。

最后,模型计算的时效性问题。对于复杂的模型,单核运算难以满足数字孪生技术决策的时效要求。在云计算的技术背景下,一般考虑采用多核并行计算,提高模型的求解速度。

此外,在模型设计上,要考虑计算机内存与中央处理器的均衡匹配,多采用矩阵,利用图形处理器提高计算速度。在决策算法选择上,要考虑能支持并行性计算的算法,如遗传算法,其在个体适应度、适应度评价等具备天然的并行性。

(三)接口设计及集成

数字孪生系统是多个子系统的集成,这些系统一般由不同的单位建设,只有设计合理的边界和接口,才能实现整个系统的稳健运行。在工程建设中,信息化系统和模型之间应该是一种松耦合的系统,两者之间应有清晰的边界和数据接口,便于模型的更替及信息化系统的更新改造。一般情况下,信息化系统仅提供原始的采集数据,而数据质量管理系统和数字模型密切相关,因此两者应由同一家单位建设。此外,数据质量管理系统的数据是经过加工处理的,因此,数据质量管理系统应自建数据存储体系,存储修正后的数据提供给模型使用。对于虚拟体产生的决策集,应增加序列编号后提供给信息化系统执行,防止因某一决策步骤的操作缺失造成工程事故。

(四)系统功效评价

数字孪生系统建设复杂,会在多个系统间产生数据交互。在工程中一般遇到的问题是数字模型和信息化系统耦合性太强,导致调试运行时互为掣肘,难以理清头绪。根据建设经验,数字孪生系统要达到预期效果,在开发过程中可遵循“三可”原则:①可观察。虚拟体决策过程必须是可观察的,提供给用户的不能是仅有输入、输出的黑箱子。②可执行。虚拟体决策的结果必须是清晰的可操作的指令,譬如几点几分几秒几号闸门开多少米。③可追溯。调度指令从虚拟体产生到信息化系统执行,必须有清晰的信息记录,譬如这条决策是哪个模块产生的,是否执行了,谁执行的,什么时候执行的。

四、水利工程数字孪生技术的典型应用场景

(一)防汛“四预”应用

数字孪生技术的目的是为了实现模拟、监控、诊断、预测、仿真和控制等应用。防洪“四预”应用的数字孪生技术目前主要实现了模拟、监控等初级应用。下面根据防洪“四预”应用实践归纳几点数字孪生技术的应用,为进一步拓展数字孪生技术应用提供借鉴。

1. 流域洪水虚拟化监控

防汛期间往往需要实时掌握各流域的洪水形势、水利工程的运行状态。数字孪生技术提供了强大的技术手段,通过 VR 技术模拟出整个流域的河流、地形、地貌和水利工程的数字化场景,并将物理流域监测的各类状态数据同步到数字流域,让用户身临其境查看相关雨情、水情、工情的虚拟实况。降雨量可以同步为数字化场景中的降雨粒子效果;河道、水库水位同步为数字化场景中的虚拟水位,可以直观展示水面与防洪保护对象、堤防的关系;实时视频可以融合到数字化场景中,形成“虚实融合”的可视化场景。流域洪水虚拟化监视把物理流域映射到数字流域中形成数字化场景,用户在防洪调度指挥中心就可以直观、真实地查看物理流域的各类细节,达到汛情监视的直观、准确和高效掌握。

2. 水利工程虚拟化巡查

通过 BIM 模型和三维仿真技术,可以将水利工程及相关机电设施设备虚拟化到数字流域中。在数字流域的虚拟现实场景中可通过三维飞行技术支持对河道、湖泊等水利工程的巡查,以及支持室内、室外的机电设施、设备状态的巡查。同步水利工程和机电设施、设备状态到数字流域中,在机电设施、设备巡检时,可以及时发现设施、设备存在的问题,提升流域防洪安全保障能力。

3. 水利工程远程调度与控制

数字孪生技术的“虚实映射”还可以通过反向映射来控制物理世界的对象,即通过数字流域来控制物理流域的对象。工作人员在数字化场景中进行操作,如操作机电设备的开关按钮、控制旋钮等,再通过数字孪生技术将操作转换为一定接口标准的控制指令,通过网络传输给远端控制设备,再由控制设备来操作具体的机电设备以达到调度的目的。远端设备操作的结果再通过网络传送回至数字流域,在数字流域中映射对应设备的状态,通过数字化场景展示给工作人员,实现物理流域和数字流域的“双向映射”。实际运用中,操作人员甚至可以在数字流域中进行模拟调度与控制,数字流域模拟调度效果,让

用户判别调度方案的合理性，选择合适的调度方法，大大减少传统方法调度与控制“试错”带来的成本。

4. 洪水模拟推演与智能化决策

数字孪生技术支持流域洪水的模拟推演和智能决策。数字流域根据当前的防洪形势，在数字流域中利用对抗神经网络、数字流域模拟系统分析不同的降雨条件下和不同调度控制条件下的洪水影响情况（如淹没面积、影响人口等），对比调度影响和效果，通过智能化决策选择最优的调度方案，实现流域洪水调度“虚拟模拟先行，决策调度在后”，大大提高决策的科学性。在数字流域中利用预测数据（如降雨数值预报）进行超前的洪水推演，工作人员对可能出现的洪涝灾害提前采取应对措施，从而最大限度地避免洪灾带来的损失。随着人工智能技术的发展，数字流域在映射物理流域的各类状态信息的基础上，通过预报预测、模拟推演和智能决策，并自动执行最优化的水工程调度，未来有望在物理流域中实现部分或全部的自主管理。

（二）梯级泵站恒水位控制参数率定问题

某调水工程为梯级泵站，站间采用明渠输水，无调蓄设施。

在这种情况下，下级泵站的变频机组要自动调频，实现前池水位的相对恒定。自动调频一般采用 PID 控制，这就需要对比例（P）、积分（I）、微分（D）三个参数和调节步长（T）合理选取，防止系统出现超调或振荡。但是，受制于泵站不能频繁启停机试验等问题，在现实中率定这些参数也只能进行有限次数的试验，而有限次数的试验往往难以达到预期效果。

在数字孪生的技术手段下，首先可以基于泵组特性曲线、渠道的施工图，建立泵组和渠段的数字模型，将上级泵站、下级泵站、渠段组成一个整体模型；其次，根据信息化系统采集的历史数据对泵组模型、渠系水动力学模型进行修正，使得这个整体模型能够反映泵站和渠系的真实性能；再次，基于数字模型，可对比例、积分、微分参数和调节步长进行优选；最后将优选后的参数在实际物理系统中验证。

（三）引水环通中闸泵群最优调度决策问题

例如在某市，需要通过引水环通来解决主城区的水质净化问题。该主城区有一进六出共计 7 座闸泵站，在调度过程中，需要对 7 座闸泵站的运行次序和运行时段优化决策，达到河段水体的最佳净化效果。

在数字孪生的技术手段下，首先可根据河网基础参数建立河网的一维水动力学模型；其次，结合信息化系统中水位、流量采集站点的历史数据对模型的参数进行调整，使得数字模型能够反映物理河段的真实属性；再次，将遗传算法和数字模型相互耦合,求解闸泵站调度的最优决策;最后,将最优的决策反馈到信息系统,执行闸泵的控制操作。

本系统的开发工作量较大,在系统的开发过程中,水动力模型子系统和监控子系统的建设同步进行,两个子系统采用松耦合的设计模式,子系统边界明确后,通过统一模型进行关联。在监控子系统提供给水动力学模型的数据质量管理上,采用了人工设值、监控采集值、默认值三级管理模式,优先级依次降低,即监控子系统有采集值时,水动力学模型就以采集值作为初始条件,当监控子系统无采集值时采用默认值作为初始条件,如果人工设了值,那么水动力学模型就采用人工设值作为初始条件。这就保证了提供给虚拟体的数据是物理实体的真实状态。

在目前已经探索的应用场景中,数字孪生技术能为泵站的恒水位控制提供调参依据,能解决引水环通中闸泵群最优调度的决策问题。这些案例表明,数字孪生技术确实能解决"信息水利"向"数字水利"跨越过程中的某些科学决策问题,数字孪生技术的应用也标志着"信息水利"向"数字水利"迈出了关键的一步。在大数据、云计算、物联网、人工智能等新技术蓬勃发展的背景下,水利工程数字孪生技术必将引领水利工程运行管理进入更加智慧的新阶段。

五、数字孪生水利工程建设现状

2022年5月12日,山东省政府新闻办召开的新闻发布会上公布,"山东将立项建设涵盖南水北调、胶东调水、黄水东调三大调水工程联合调度管理和省内跨流域调水工程可视化监督等功能的山东省骨干水网综合调度信息管理平台,实现省内骨干水网调度运行数据和水量计量数据的统一存储、管理和展示"。

当前信息化、数字化技术已在山东调水工程运行管理方面得到充分运用。据山东省调水工程运行维护中心党委书记、主任刘长军介绍,胶东调水自动化调度系统于2018年开工建设,2021年建成并验收投运,项目总投资5亿元,敷设光缆2 034 km,安装传输及网络设备3 000多台(套)、摄像机2 645套,在工程全线13座泵站、87座闸站、42座阀站设置信息点69 723个,搭建了工程现场和管理机构互通互联的网络传输系统、先进融合的系统集成平台和业务应用系统,可实现全线工程基础信息、工情、水情信息实时采集和调水全流程线上操作。同时,全力做好自动化系统运行维护管理,构建了标准统一、专业协同、属地管理、考核规范的运维体系,实现整体在线率超过99%的高指标,达到行业领先水平。2022年,胶东调水工程列入水利部数字孪生先行先试56

家试点单位之一。刘长军表示，将按照“整合已建、统筹在建、规范新建”的要求，巩固拓展现有工程信息化建设成果，着力构建面向调水业务全要素数据底板，完善数据共享和多源数据处理机制，搭建涵盖调水业务全链条可成长的模型和知识平台，实现调水业务综合态势感知、安全风险预警、智能决策分析、联动协同调度。在数字空间对工程实体及建设、运行管理活动等方面进行全息智慧化模拟，实现孪生工程与物理工程的实时仿真运行，为调水工程调度运行提供智慧化决策支撑，高质量推动胶东调水工程数字化转型，提升工程智能化建设和运行管理水平。

参考文献

[1] 赵宇飞,祝云宪,姜龙,等. 水利工程建设管理信息化技术应用[M]. 北京:中国水利水电出版社,2018.

[2] 戴能武,向东方,黄炳钦. 水利信息化建设理论与实践[M]. 武汉:长江出版社,2016.

[3] 赵喜萍,张利刚,王炜,等. 水库信息化工程新技术研究与实践[M]. 郑州:黄河水利出版社,2020.

[4] 王玉梅. 水利水电工程管理与电气自动化研究[M]. 长春:吉林科学技术出版社,2021.

[5] 孙永平. 水利工程信息机电综合自动化培训教材[M]. 北京:中国水利水电出版社,2018.

[6] 陈帝伊,王斌. 水电站自动化[M]. 北京:中国水利水电出版社,2019.

[7] 陈凯,平扬,熊寻安. 数字水利应用实践[M]. 南京:江苏凤凰科学技术出版社,2021.

[8] 刘满杰,谢津平. 数字水利创新与实践[M]. 北京:中国水利水电出版社,2022.

[9] 冶运涛. 数字水利大数据理论与方法[M]. 北京:科学出版社,2020.

[10] 娄保东,张峰,薛逸娇. 智慧水利数字孪生技术应用[M]. 北京:中国水利水电出版社,2021.